国家科学技术学术著作出版基金资助项目

新型智能式
液压抽油机的设计与应用

刘长年　著

北　京
冶　金　工　业　出　版　社
2021

内 容 提 要

本书详细介绍了液压抽油机的优化理论和具体设计方法。本书分6章。第1章介绍了液压抽油机的发展历程；第2章介绍了新型无梁式液压抽油机；第3章介绍了混合式新型液压抽油机；第4章重点介绍了第四代高效长冲程长寿命智能式液压抽油机的全部理论和设计方法；第5章展示了7项专利，包括1项发明专利和两次鉴定的全部材料；第6章简介各种液压抽油机需要的液压元件，以供不熟悉液压理论的读者参考。

本书可供从事石油开采相关专业的技术人员阅读。

图书在版编目(CIP)数据

新型智能式液压抽油机的设计与应用/刘长年著.
—北京：冶金工业出版社，2021.6
ISBN 978-7-5024-8282-4

Ⅰ.①新… Ⅱ.①刘… Ⅲ.①液压抽油机—研究
Ⅳ.①TE933

中国版本图书馆 CIP 数据核字（2020）第 025619 号

出 版 人 苏长永
地　　址　北京市东城区嵩祝院北巷 39 号　邮编　100009　电话　(010)64027926
网　　址　www.cnmip.com.cn　电子信箱　yjcbs@cnmip.com.cn
责任编辑　卢　敏　王琪童　美术编辑　郑小利　版式设计　禹　蕊　孙跃红
责任校对　郑　娟　责任印制　李玉山
ISBN 978-7-5024-8282-4
冶金工业出版社出版发行；各地新华书店经销；三河市双峰印刷装订有限公司印刷
2021 年 6 月第 1 版，2021 年 6 月第 1 次印刷
169mm×239mm；10.25 印张；199 千字；154 页
58.00 元

冶金工业出版社　投稿电话　(010)64027932　投稿信箱　tougao@cnmip.com.cn
冶金工业出版社营销中心　电话　(010)64044283　传真　(010)64027893
冶金工业出版社天猫旗舰店　yjgycbs.tmall.com
(本书如有印装质量问题，本社营销中心负责退换)

前　言

液压抽油机的研发在国际上已有 30 多年的历史，仅专利就有 4 万份之多，可见其受重视的程度，但至今其仍未广泛应用，主要是因油田无水冷却无法解决；另一方面是寿命，作为液压系统的执行机构油缸密封圈的寿命只有 1 年。大庆油田从加拿大首领公司购置的液压抽油机只工作 3 个月便坏了。随着科学技术的发展，老式机械式抽油机已难以满足需要了，主要是其效率低，不能适应地下油层的变化，不能感知超载、断杆等故障，也解决不了抽油杆的偏磨等问题。

作者经过长时间研究，解决了上述问题，丰富了液压系统的理论基础。用此理论可设计出无须冷却的抽油机，在 40℃ 环境中油温控制在 60℃ 以下，而在冬天 -40℃ 时油温控制在 10℃ 以上。此外，寿命可达 10 年，冲程可达 10m，地面效率可达 72%，总效率可达 40% 以上，并能做到上快下慢的运行规律，可感知超载和断杆等故障，而每台售价与机械式相同。

本书详细介绍了新型智能式液压抽油机的优化理论和具体设计方法。本书分 6 章展开。第 1 章介绍液压抽油机的发展历程；第 2 章介绍新型无梁式液压抽油机；第 3 章介绍混合式新型液压抽油机；第 4 章介绍新型第四代高效长冲程长寿命智能式液压抽油机的全部理论和设计方法；第 5 章展示 7 项专利，包括 1 项发明专利和两次鉴定的全部材料；第 6 章简介各种液压抽油机需要的液压元件，以供不熟悉液压理论的读者参考。

　　由于时间仓促和作者水平有限，本书不妥之处，甚望诸君不吝赐教。

　　　　　　　　　　　　　　　　刘长年　北京天通苑未鸣斋

　　　　　　　　　　　　　　　　2019 年 5 月 8 日

目　　录

1　液压抽油机发展历程

第一代液压抽油机：老式抽油机具有效率低（地面效率 50%）、重量大（20t）、无故障感知系统、易产生抽油杆偏磨等缺点，因此人们在 20 世纪末便开始试着引进液压系统，即将液压体系照搬过来。十几年间世界上出现了 4 万多份专利，一些大的钢铁公司如美国的伯利恒（Bethlehem）钢铁公司等也都参加进来。但由于液压系统需冷却装置（油田无水），只好采用鼓风机冷却，因而产生巨大噪声，并且占地面积大，使工人无法正常工作，即使这样也很难将油温降低到需要值；另外国内外也有使用氟利昂、干冰等冷却装置来降温，结果都不理想。此外液压元部件寿命不适应抽油机连续不停地工作的特点，因此无一成功者。例如 1983 年大庆油田从加拿大首领公司（Foremost ltd）引进 3 台液压抽油机，只工作 3 个月便报废了；国内某大学设计的液压抽油机既解决不了发热问题，效率又很低。这便是第一代液压抽油机。

第二代液压抽油机：在一些国内外朋友的鼓励下我们开始研究第二代无梁式液压抽油机，该机显然克服了第一代液压抽油机的各种缺点：它可连续工作 2 年，地面效率达 70%，不需冷却器，1 年可收回成本，见图 1-1。但第二代液压抽油机冲程一般为 3~4m，寿命 2 年。这就是第二代液压抽油机。

第三代液压抽油机：我们在解决液压抽油机寿命问题上确实花了不少精力，最后将液压抽油机寿命提高到 4 年，见图 1-2，故将其定为第三代液压抽油机。

第四代液压抽油机：第四代液压抽油机是一种新型"高效长冲程长寿命智能式液压抽油机"，图 1-3 所示便是当前第四代液压抽油机的原理图。此种抽油机采用了游梁式抽油机的部分游梁、驴头和支架，去掉了笨重的配重块和巨大的减速器及四连杆机构，代之以油缸拉动后驴头作抽油运动，并通过独特的最优化设计，使其具有以下优点：

（1）通过摆角的变化做成长冲程机。第四代液压抽油机比起链条式既结构简单、体积小、重量轻（仅有同类机的 1/4），又效率高、寿命长。过去机械式抽油机由于受四连杆机构和庞大的减速器等扭矩的限制，其摆角只能为一个弧度（57.296°），而第四代液压抽油机的摆角可达 97°，可轻易做成 10m 冲程的机器。

（2）改变游梁支点前后的比例提高整机寿命。第四代液压抽油机通过游梁在支点前后的长度比来提高整机的寿命，普通液压抽油机的寿命为 1~2 年，而第四代液压抽油机的寿命可达 10 年。

图 1-1　第二代无梁式液压抽油机

（3）极高的上下行程平衡度。"平衡"是抽油机的重要指标，它直接影响抽油机的效率和寿命，由于液压抽油机有诸多非线性因素，因此优化起来十分困难。这里使用了作者提出的 D.I.C. 技术，即双输入耦合控制理论，按此可将平衡所需的公式统构成一个群，并通过两种坐标的变换构成一个 12 元的方程组，然后将其化成数字式的普通人都可解的表格形式，借助蓄能器的出口压力就可随时调整平衡，使其达到最佳。

（4）无冷却系统。液压抽油机的最大困难是冷却问题，因液压系统都需要有水冷却设备，特别是大功率机，然而油田无水，所以美国和瑞士采用干冰冷却，其他则用鼓风机。这两种冷却方法的共同点在于：第一，没有从根本上消除热源，能量已经耗损，冷却设备又再次消耗能源，造成能源的双倍损失。第二，冷却设备本身的成本、体积和噪声都是制造厂和用户的额外负担。基于此液压抽油机虽早已引起多方注意，国际上已有专利 4 万份之多，但至今尚无大批量生产应用。

图 1-2　第三代液压抽油机

第四代液压抽油机在设计上采用作者导出的液压系统优化理论,以发热量最小为目标函数,进行系统的优化设计。并在油路上采用了一些新的技术措施,解决了发热问题。使其在夏季温度 40℃,冬季低达 - 40℃ 的环境里,在无加温和冷却设备的情况下,油温一直保持在 60℃ 以下。

(5) 第四代液压抽油机性能参数:

1) 地面效率可达 70%~72%;

2) 平衡度可达 95% 左右;

3) 节电 20%;

4) 提高产油率 10%;

5) 消除了偏磨问题;

6) 因无冷却设备,降低了生产成本和维护成本;

7) 结构简单,可由现有抽油机生产线生产;

8) 生产成本和现有的同规格的机械式产品相当;

9) 寿命可达 10 年,一年可收回成本。

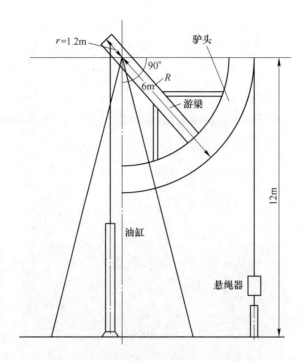

图 1-3 新型第四代液压抽油机原理图

2　第二代无梁式液压抽油机

　　第二代无梁式液压抽油机在第 1 章中已做了简单介绍，本章将详细叙述其结构组成、优化设计、现场调试和性能测取等重要内容。

2.1　第二代无梁式液压抽油机的结构组成

　　图 2-1 为第二代无梁式液压抽油机的样机；图 2-2 为正式投产的第二代无梁式液压抽油机外观图。

图 2-1　第二代无梁式液压抽油机样机

　　第二代无梁式液压抽油机的结构组成可由图 2-3 及图 2-4 看出。图 2-3 为第二代无梁式液压抽油机的液压系统图，它包括一套由电机 29、手动变量轴向柱塞泵 30、粗油滤 31 和单向阀 26 等 4 部分组成的油泵组合。高压油依次经过精油滤 32、三位四通电液换向阀 18，分别与油缸 12 的中间两腔管路 14、15 相通。

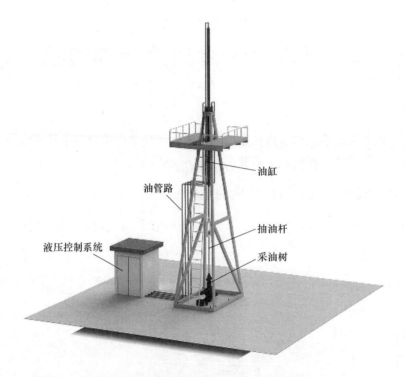

油缸

油管路

抽油杆

液压控制系统

采油树

图 2-2　第二代无梁式液压抽油机的产品外观图

油缸 12 下腔 13A 由管路 13 分别与高压截止阀 40~43、蓄能器 20、油源 B 点和油箱相通，其中 40、41 两阀通径为 40mm，而 42 与 43 两阀通径为 16mm。电接点压力表 45 的两个电接点 K_G 与 K_D 分别监测油路负载压力的上限（过载）和下限（断载）。压力表 45 可将电信号送至电路控制中心加以判断和处理后，才能发出停机与否的指令。电磁溢流阀 23 做安全阀使用，远程调压阀 25 起调压作用。此外，由蓄能器 21、溢流阀 24 与单向阀 28 组成系统的补油回路 48。压力表 45~47，分别指示油源的压力、蓄能器 20 的瞬时压力与补油回路 48 的充放压力。

液压系统中的其他元件为油箱 33、液位计 36、空气滤清器 39、加热器 37 和温度计 38。

图 2-4 为第二代无梁式液压抽油机的电控系统图，其中 M 为图 2-3 中所示的电机 29。RJ 为热继电器，KM 为接触器，K 为空气开关，JR 为图 2-3 中所示的电加热器 37，KR 为电加热器回路的空气开关。A、B、C 代表三相电源。图 2-4 中右侧 A、O 两条垂线分别代表单向交流电 220V 的电源与地线。

在 A、O 两线中最上端的电路 53 为电机的启动回路，它包括电机的手动启动 Q、手动停机 T 和自动停机等三种功能，其中自动停机又包括因电机回路过热

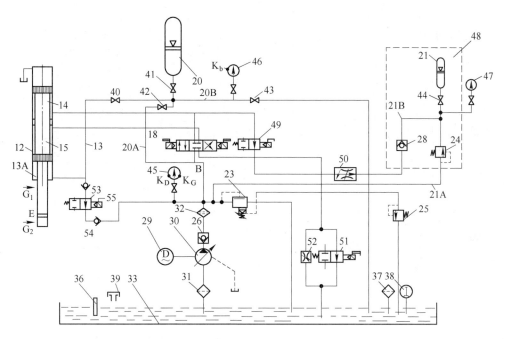

图 2-3　第二代无梁式液压抽油机液压系统图

使热继电器 RJ 的触点 RJ_1 断开，以及因其他原因使 J_{2-1} 触点断开而自动停机等两部分。显然，无论手动停机还是自动停机，都是设法断开回路 53，使接触器 KM 断电，因而断开电机回路。同理，启动、降温和闭合触点 J_{2-1}，都是接通回路 53，以使电机接通。

图 2-4 中电路 54 为电机启动时液压加载延时回路。图 2-4 中电路 55 由电磁溢流阀的卸荷线圈 XH 组成。它起到卸荷的作用。图 2-4 中电路 56 和 59 为换向回路，其中电路 56 为上死点换向回路，它由接近开关 G_1、继电器 J_1、时间继电器 SJ_3、三位四通电液换向阀 18 的线圈和手动换向按钮 SH，以及继电器 J_1 的触点 J_{1-1}、继电器 J_4 的触点 J_{4-1} 组成。电路 56 中的 49 为二位二通电磁换向阀，它起到控制补油方向的作用。电路 57 为消振回路，它由二位二通电磁换向阀 51、时间继电器 SJ_3 的触点 SJ_{3-1}、继电器 J_4 的触点 J_{4-3} 和手动接通开关 K_M 组成。电路 59 为下死点换向回路，它由接近开关 G_2、继电器 J_4 和其触点 J_{4-2}、继电器 J_1 的触点 J_{1-2} 组成。图 2-4 中电路 60 为超载、断载、液位和温度等四种控制器。它由继电器 J_2、时间继电器 SJ_4、继电器 J_3 的触点 J_{3-2}、时间继电器 SJ_1 的触点 SJ_{1-2} 及压力表 45 的超载电接点 K_G、断载电接点 K_D、液位传感器结点 W_Y 和温度传感器结点 W_E 等组成。图 2-4 中电路 61 为声光报警回路，它由扬声器 BJ、旋转灯 D、继电器 J_3、继电器 J_2 的触点 J_{2-3} 及停报按钮 TB 组成。

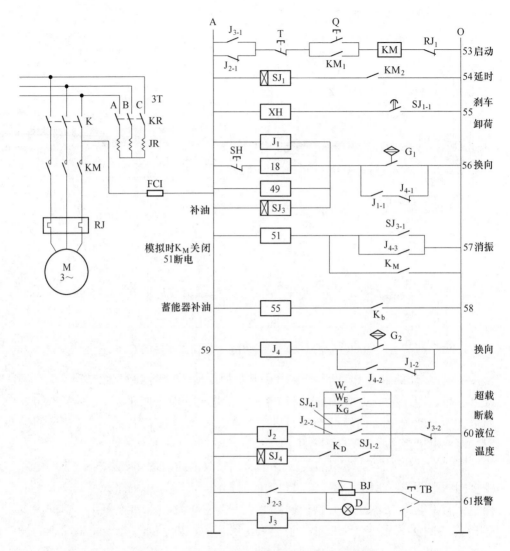

图 2-4　第二代无梁式液压抽油机电控系统图

2.2　第二代无梁式液压抽油机的基本工作原理

2.2.1　启动回路

由图 2-4 可见，合上电源的空气开关 K 后，按下电路 53 中的启动按钮 Q，则因接触器 KM 被接通，使电机电路中的 KM 触点闭合。于是电机被启动。由于电路 54 中的 KM_2 触点闭合，时间继电器 SJ_1 被接通，因此电路 55 中的触点 SJ_{1-1} 经过几秒钟后闭合。由于 XH 为电磁溢流阀 23 中的电磁卸荷阀（断电卸荷），故

在 SJ_{1-1} 延时闭合前系统压力为零，这使电机有充分的启动时间。当 SJ_{1-1} 闭合后系统压力达到规定值，从而完成启动工作。电路 53 中的触点 KM_1，起自锁作用，当按下 Q 后电路接通时 KM_1 便接通，当松手 Q 断开后，线路仍然闭合。

2.2.2　换向回路

由图 2-3 可知，当油缸杆上的挡圈 E 靠近接近开关 G_1 时（此是最高点），图 2-4 中电路 56 接通，从而继电器 J_1 接通。因此触点 J_{1-1} 闭合。这时换向阀 18 因通电而换向，高压油改向油缸 12 的中下腔 15 供油，于是由图 2-3 看出油缸杆开始下行。当挡圈 E 接近下死点 G_2 时，电路 59 接通，因而继电器 J_4 通，J_{4-1} 断，电路 56 断。换向阀 18 断电，故油缸腔 14 开始进高压，油缸杆上行抽油，完成一个运行周期。其冲程大小，冲次高低由 G_2 的位置和油泵的斜盘的脚度来决定。

2.2.3　平衡回路

当上千米长的抽油杆由上向下运动时，由于抽油杆及井下抽油泵等的重量常达数吨（称此为悬点最小载荷，用 F_m 表示），因此将以自重带动油缸杆向下运动，油缸活塞腔 15 将形成零压和负压，此时抽油机将失去控制。当由下向上运动时，液压力除克服抽油杆的重量外，还要克服抽油力（总称为悬点最大载荷，用 F_M 表示），因此，油缸要产生相当高的油压才能向上运动。这便是不平衡的状态，所以机械式抽油机要用数吨重的配重块来解决平衡问题，这样既增加了整机重量和成本，也难做到完全平衡。对于这里所述的液压抽油机，则是靠蓄能器 20、油缸下腔 13A 以及其间连接的管路 13 来解决平衡问题。当向下运动时，蓄能器 20 中的高压油将在油缸下腔 13A 中对活塞产生一个向上的液压力 F_x。通常 $F_x > F_m$，因此在没有高压油进入腔 14 前不会运动。假设进入腔 14 的油源压力为 F_L，则 F_L 必须满足下式，才能正常运动

$$F_L \geqslant F_x - F_m \tag{2-1}$$

由于 F_x 是油缸位移的函数，故 F_L 也是油缸位移的函数。当到下死点时，油缸下腔 13A 中的液体被推入蓄能器 20 中，从而将重力所做的功存储在蓄能器 20 之中。

当由下向上运动时，蓄能器 20 中的高压液体将通过油缸下腔 13A 中的活塞产生一个向上的力 F_x，但 $F_x < F_M$，因此在没有高压油进入油缸中上腔 14 之前是不会向上运动的。只有进入腔 14 的负载压力 F_L 满足下式，才会向上运动

$$F_L \geqslant F_M - F_x \tag{2-2}$$

令式（2-1）、式（2-2）两式相等，可得出

$$F_x = (F_M + F_m)/2 = F_{x0} \tag{2-3}$$

式中，F_{x0} 是行至冲程一半左右时蓄能器产生的液压力。

显然，若蓄能器的充液压力能满足式（2-3），即可认为起到了平衡作用。这里下行时所做的功完全被保留下来，并将其用在上行时做功。具体的平衡理论和方法将在另章中介绍。

2.2.4　过载与断载保护回路

抽油机最怕出现过载与断载故障。所谓过载，即悬点最大载荷超过允许值。如果出现此种故障，抽油机不能识别，并还继续运动，必然发生断杆或损坏其他部件的事故。所谓断载，指抽油杆断裂或脱开，出现此种故障需要立即停机处理。但过去的老式抽油机并无此功能。本书所述的液压抽油机，可以解决这两个问题。图 2-3 中压力表 45 带有高低压两个电接点 K_G 与 K_D；其中 K_G 感受过载，K_D 感受断载。当过载时，负载压力 p_L 必然超过原规定的最高值。因此图 2-3 此时由前述阀 18 的阀芯回到中位而刹车，电路 60 的触点 K_G 闭合。由电路 60 看出，当 K_G 闭合时电路 60 接通，继电器 J_2 被接通，因而电路 53 中常闭触点 J_{2-1} 断开，则电路 53 被切断，故电机停转。同时因电路 54 被断开，电路 55 中的 SJ_{1-1} 触点亦随之断开，于是溢流阀 23（XH）立即卸荷，以保护油泵。与此同时因 J_2 接通，电路 61 中的 J_{2-3} 触点闭合，开始声光报警。此外，由于 J_{2-2} 触点闭合，即便由于停机、卸载，使 K_G 断开，报警仍然不停，直到操纵人员到来并按下停报按钮 TB 时为止。

断载保护回路比较复杂，因为当断载发生时，必然处在上行时段，由于断载抽油载荷或模拟抽油载荷基本消失，故此时在蓄能器 20 产生的巨大压力下油缸杆快速上行。由于蓄能器在油缸下腔产生的液压力远大于此时的负载力，因此油源的液压力为零或基本为零。此时压力表 45 的低压电接点 K_D 接通，同时 SJ_{1-2} 处于闭合状态，于是时间继电器 SJ_4 接通，因而电路 60 中的 SJ_{4-1} 触点闭合，于是保护回路开始启动，其过程与超载保护回路相同。

另外，在正常运行中会出现多种非断载引起的低压信号，断载保护回路应能识别并加以排除。例如电机启动时要延迟 5s 油泵才升压，延时继电器 SJ_1 在回路 60 中的触点 SJ_{1-2} 也必须延迟 5s 后才闭合；另外，在换向瞬时有时也出现低压，为排除此干扰在回路 60 中加一个延时触点 SJ_{4-1}，当 K_D 和 SJ_{1-2} 都闭合后，回路 60 也必须等 1s 才能闭合。

当人们消除故障后，按下停报按钮 TB 即可切断电路 61，从而停止报警。但同时也接通继电器 J_3，使电路 60 中的触点 J_{3-2} 断开，因而 J_{2-1} 闭合使电机重新启动；同时电路 60 因触点 J_{3-2} 断开而切断，于是继电器 J_2、时间继电器 SJ_4 同时断电，因而 J_{2-2}、SJ_{4-1} 和 J_{2-3} 三个触点断开，于是系统恢复到正常工作状态。

2.2.5　补油回路

当换向时，为了运动平稳需要减速和停顿瞬间。另外，为了提高井下抽油泵的充满系数，也需要在下死点停顿瞬间；而为了减少抽油杆断杆和脱开的次数，当在上死点时也需要停顿瞬间，以使井下的抽油泵有卸载时间。这一切对于老式抽油机是不可想象的。对于这里所述的液压抽油机却可通过电液换向阀 18 中的三个小旋钮来实现。然而这种换向停顿的办法却浪费了能量，因为在停顿时间内，高压油将被溢流阀 23 排回油箱。为解决此问题，本书所述的液压抽油机采用了一种补油回路，见图 2-3 中的回路 48。应该说明，补油回路 48 还可同时实现上行快、下行慢的特殊运动规律，以进一步提高井下抽油泵的充满系数。图 2-3 中的补油回路 48 包括蓄能器 21、溢流阀 24、单向阀 28、调速阀 50、二位二通电磁换向阀 49 和压力表 47。显然，蓄能器 21 只有通过管路 21A 充液，而溢流阀 24 的开闭由油源压力 p_L 来控制。若将其开启压力 p_b 调到稍大于 p_L 的最大值 p_{Lmax}，并令溢流阀 23 的开启压力远大于 p_b。则只有在因换向而停顿的瞬间，负载压力 p_L 才会大于 p_b，因而溢流阀 24 开启，蓄能器 21 开始充液。当换向结束后的瞬间，负载压力 p_L 很低。因此蓄能器 21 存储的高压油将沿着通道 21B 经单向阀 28、调速阀 50，进入二位二通电磁换向阀 49 中的入口。电磁换向阀 49 的线圈与换向阀 18 的线圈并联。当阀 18 的线圈断电时，换向阀 18 将高压油接入油缸 12 的中上腔 14，因此油缸杆上行。与此同时换向阀 49 在断电情况下进出口相通，即蓄能器 21 中的高压油在大约 1s 内流向油缸的 14 腔，使抽油杆上行加快。如果通电，则换向阀 49 关闭进出口通道。因此蓄能器 21 的高压油将不能放出，以备下半周期使用。如果油源总流量为 100L/min，而上下两死点的停顿时间共为 0.5s，则在一个周期内蓄能器 21 存入的高压油大约为 0.83L。若在上行时，在 1s 内放出，则有 50L/min 的流量，相当于增大一半的流量，因此是非常可观的数值。图 2-3 中 50 为串联压力补偿的调速阀，通过此阀可使放出来的补油流量为恒值以使上行时既快又匀速，否则由于负载压力 p_L 及蓄能器 21 中压力 p_x 变化导致驴头上行速度不均匀。

2.2.6 刹车回路

当抽油机出现过载、断载或其他紧急情况时，要求立即停在出事位置，因此要有刹车装置。本液压抽油机中的刹车装置很简单，即当紧急关闭电源时，三位四通电液换向阀的阀芯立即回到中位，导致油缸 14、15 两腔的油均被封死，即起到刹车作用。

2.2.7 消振回路

对于稠油井或聚注井，当由上死点向下运动的瞬间，井下泵的下腔未必全部充满，因此悬点载荷并不等于最小值 F_m，而是仍为最大值 F_M，此力作用在油缸活塞上的值远大于蓄能器中高压油作用在油缸下活塞上的反力。因此抽油杆下行，油缸活塞下行迫使其下腔 13A 中的液压油的多余部分流回蓄能器。但这仅是一段微小的移动，井下泵的活塞很快与其下腔的油液相接触，因此上阀门打开，油缸杆卸荷，此时悬点载荷恢复到最小值 F_m，因此蓄能器中高压油作用在油缸下活塞上的力又大于 F_m 产生的作用力，因此油缸杆又会向上作微小运动，这就使抽油杆出现了一次摆动。此后才会进入正常的下行运动。为消除此摆动，特在图 2-3 中设置一个由 51、52 组成的消振回路。其原理是在正常运动中二位二通换向阀 51 开启（通电），它与节流阀 52 一起通过系统总回油。当从下死点向上运动时，电路 59 闭合，因此消振回路 57 之 J_{4-3} 闭合，阀 51 开启。当上行至上死点时，回路 56 闭合，电路 59 中 J_{1-2} 断开，故电路 57 中的 J_{4-3} 断开，消振回路 57 关闭（断电），这样整个系统只能通过节流阀 52 回油，因此油缸中上腔 14 产生一个很大的背压，用此抵消瞬时产生的最大悬点载荷 F_M。可平稳地向下运动，因而不再出现摆动。但这只能有 1s 以内的瞬时，因同时触点 SJ_{3-1} 也因电路 56 闭合而延时接通。此延时时间即阀 51 的关闭时间。在调试时确定。当通过此段振动区后二位二通换向阀 51 又因通电而开启，于是系统又进入正常工作。由于这段行程很短，需时也只在 1s 以内，故二位二通换向阀的瞬间关闭，功率的附加消耗可以忽略。如果抽油机不发生振动，可关闭手动开关 KM 即可。

2.2.8　蓄能器补油回路

蓄能器在长期工作中，还是会出现微量漏油，久而久之就会改变系统的性能，因此要有微型补油装置。有人加一种小型供油装置，这不好，因为再小的泵也会消耗可观的功率，而且也占地方，并不好维护。本机的方案很简单，只用一个二位二通阀 55、两个单相阀 53、54 和一个带电节点 K_b 的压力表 46，见图 2-3 及图 2-4。在工作中蓄能器 20 的油压力有一个最低值，当油压小于蓄能器 20 的最小值时，图 2-4 中的回路 58 开关 K_b 便被接通，高压油即由阀 55 充入蓄能器 20，直到压力恢复到原定值时 K_b 才断开，其全部操作均为自动进行，不影响主机工作。

2.2.9　液位控制与油温控制回路

液压抽油机工作在无人看管的野外，一旦因管路破裂而漏油便可能将油箱中的大部分油损失掉，不仅造成巨大浪费，还会因无油而烧坏油泵。因此在油箱中装上液位控制器是十分必要的，液位一旦低于设定油面，电路便被接通，启动了自动停机报警程序。图 2-4 中回路 60 的开关 W_Y 便是液位传感器开关。当此开关闭合后由于继电器 J_2 通电而使电机回路 53 中的 J_{2-1} 触点断开，因此电机停转，由于 J_2 接通，触点 J_{2-3} 闭合，开始了声光报警。

同理，油温控制的控制原理也与液位控制原理相同。一旦因故油温高于预设值时，图 2-4 中回路 60 的温度传感器开关 W_E 便闭合，于是又启动了自动停机报警程序。

2.2.10 电机热保护回路

当油泵出现故障或油路过载时，电机负荷加大，温升升高。因而图 2-4 中的热负荷继电器 RJ 接通，迫使其触点 RJ_1 断开，因此系统停机并刹车。

2.3 第二代无梁式液压抽油机的优化设计

第二代无梁式液压抽油机的优点很多，首先节省了大量的钢铁，使产品造价大大降低；其次是效率会有较大提高，而且体积也会大大缩小，甚至有可能应用到海上采油。但设计中最大困难是油缸。如做成复合油缸，则遇到油缸过长的矛盾，如冲程为 3m，则缸的长度至少应为 9~10m，相当于 4 层楼房高；其次是缸径与长度比为 100。这使得加工与运输都十分困难。故本书介绍两种优化设计方法。

2.3.1 有关公式的推演简述

由图 2-5 可知，F_M 为在上行（抽油）时产生悬点最大载荷；F_m 为在下行时产生悬点最小载荷；A_L 为中间腔活塞有效面积；A_1 为下腔活塞有效面积；F_L 为油源负载力；F 为作用于下腔活塞上的液力；p 为下腔液压力；p_L 为负载压力。

故下列公式成立

上行时

$$F + F_L = F_M \tag{2-4}$$

下行时

$$F - F_L = F_m \tag{2-5}$$

今设

$$\begin{cases} F_M = A_1 p_M \\ F_m = A_1 p_m \\ F_L = A_L p_L \end{cases} \tag{2-6}$$

$$\begin{cases} F = A_1 p \\ \mu = F_m / F_M \\ \alpha = A_L / A_1 \end{cases} \tag{2-7}$$

则式（2-4）、式（2-5）两式可写为

$$p + \alpha p_L = p_M \tag{2-8}$$

$$p - \alpha p_L = \mu p_M \tag{2-9}$$

式中，p 为蓄能器压力，它只与油缸行程有关，故为变数，因此负载压力亦为变

数。今设 p 的最大数为 p_2、最小值 p_1，故由式（2-8）可得

$$p_2 + \alpha p_{Lmin} = p_M \tag{2-10}$$

$$p_1 + \alpha p_{Lmax} = p_M \tag{2-11}$$

式（2-10）、式（2-11）相加可得出

$$p_{cp} + \alpha p_{L01} = p_M \tag{2-12}$$

式中

$$p_{cp} = (p_1 + p_2)/2 \tag{2-13}$$

$$p_{L01} = (p_{Lmin1} + p_{Lmax1})/2 \tag{2-14}$$

p_{Lmin1} 为上行时 p_L 的最小值；同理 p_{Lmax1} 为其最大值。

同理式（2-9）亦可化成

$$p_{cp} - \alpha p_{L02} = \mu p_M \tag{2-15}$$

式中

$$p_{L02} = (p_{Lmin2} + p_{Lmax2})/2 \tag{2-16}$$

下行时负载压力最小值、最大值分别为 p_{Lmin2} 及 p_{Lmax2}。为做到抽油机上下运动时完全平衡，下式应成立

$$\begin{cases} p_{Lmax1} = p_{Lmax2} = p_{Lmax} \\ p_{Lmin1} = p_{Lmin2} = p_{Lmin} \\ p_{L01} = p_{L02} = p_{L0} \end{cases} \tag{2-17}$$

故式（2-9）、式（2-15）两式可写成

$$\begin{cases} p_{cp} + \alpha p_{L0} = p_M \\ p_{cp} - \alpha p_{L0} = \mu p_M \end{cases} \tag{2-18}$$

式（2-18）联立可得

$$\begin{cases} p_{cp} = (1 + \mu)p_M/2 \\ p_{L0} = (1 - \mu)p_M/2\alpha \end{cases} \tag{2-19}$$

2.3.2　复合油缸的优化设计

图 2-5 所示为复合油缸的示意图，已知最大悬点载荷 $F_M = 0.1MN$，最小悬点载荷 $F_m = 0.03MN$，抽油机的最大冲程为 3m，最大冲次 $n = 6$ 次 /min。

现设蓄能器的平均液压力 $p_{cp} = 15MPa$，则由式（2-19）得出

$$15 = (1 + \mu)p_M/2 = (1 + 0.3)p_M/2$$

故　　　　　　　　　$p_M = 23.077MPa$

由式（2-6）得出油缸下腔的有效面积

$$A_1 = F_M/p_M = 0.1/23.077 = 43.33 \times 10^{-4} m^2$$

因而　　　$A = 43.33 \times 10^{-4} + 4.75^2\pi \times 10^{-4} = 114.2 \times 10^{-4} \ m^2$

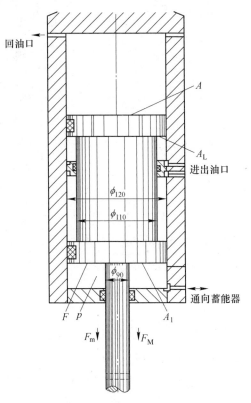

图 2-5 无梁式油缸示意图

故油缸内腔半径 $R = \sqrt{\dfrac{A}{\pi}} = \sqrt{\dfrac{114.2}{\pi}} = 6.029 \times 10^{-2}\ \text{m}$，$R$ 应取 $6 \times 10^{-2}\text{m}$，直径为 $12 \times 10^{-2}\text{m}$。

由式（2-6）

$$p_M = F_M/A_1 = 0.1/43.33 = 23.08\text{MPa}$$

又试取 $p_{L0} = 16\text{MPa}$，式（2-19）可得

$$16 = 0.7 \times 23.08/2\alpha$$

$$\alpha = \frac{0.7 \times 23.08}{16 \times 2} = 0.505 = \frac{A_L}{A_1}$$

则

$$A_L = 0.505 \times 43.33 \times 10^{-4} = 21.88 \times 10^{-4}\text{m}^2$$

求中间油缸杆直径 d_z，其半径为 r_z

因

$$A - A_L = \pi r_z^2$$

故

$$r_z = \sqrt{\frac{114.2 - 21.88}{\pi}} \times 10^{-2} = 5.42 \times 10^{-2}\text{m}$$

$$d_z = 10.84 \times 10^{-2}\text{m}$$

现取

$$d_z = 11 \times 10^{-2}\text{m}, \quad r_z = 5.5 \times 10^{-2}\text{m}$$

因此

$$A_\text{L} = A - \pi r_z = 114.2 \times 10^{-4} - \pi 5.5^2 \times 10^{-4} = 19.17 \times 10^{-4}\text{ m}^2$$

因两腔面积比为

$$\alpha = A_\text{L}/A_1 = 19.17 \times 10^{-4}/43.33 \times 10^{-4} = 0.443$$

$$\mu = F_\text{m}/F_\text{M} = 0.03/0.1 = 0.3$$

今选蓄能器 $V_0 = 100\text{L}$，最大压缩量为

$$\Delta V = A_1 S \times 10^3 = 43.33 \times 10^{-4} \times 3 \times 10^3 = 13\text{L}$$

则蓄能器系数

$$K = \frac{1}{0.9}\left(0.9^{0.715} - \frac{13}{100}\right)^{1/0.715} = 0.81$$

因 $p_\text{M} = 23.08\text{MPa}$，则由式 (2-19) 下腔平均压力

$$p_\text{cp} = (1 + \mu)p_\text{M}/2 = 1.3 \times 23.08/2 = 15\text{MPa}$$

则下腔最大压力为

$$p_2 = 2p_\text{cp}/(1 + K) = 2 \times 15/(1 + 0.81) = 16.57\text{MPa}$$

下腔最小压力为

$$p_1 = Kp_2 = 0.81 \times 16.57 = 13.42\text{MPa}$$

蓄能器的充气压力

$$p_0 = 0.9 \times 13.42 = 12.1\text{MPa}$$

此时中间腔的负载压力最大值及最小值分别为

$$p_\text{Lmax} = (p_\text{M} - p_1)/\alpha = (23.08 - 13.42)/0.443 = 21.8\text{MPa}$$

$$p_\text{Lmin} = (p_\text{M} - p_2)/\alpha = (23.08 - 16.57)/0.443 = 14.7\text{MPa}$$

此时负载压力平均值为

$$p_\text{L0} = (p_\text{Lmax} + p_\text{Lmin})/2 = (21.8 + 14.7)/2 = 18.3\text{MPa}$$

因此所需最大流量

$$Q_\text{M} = 2A_\text{L} S n \times 10^3 = 2 \times 19.17 \times 10^{-4} \times 3 \times 6 \times 10^3 = 69\text{L/min}$$

其电机的最大功率为

$$P = p_\text{L0}Q_\text{M}/60\, \eta_1 \eta_2 \eta_3 = 18.3 \times 69/60 \times 0.92 \times 0.85 \times 0.9 = 29.8\text{kW}$$

式中，η_1、η_2、η_3 分别为电机、油泵及油缸、管路和阀系统的效率。

2.3.3　无梁式液压抽油机的平衡度

液压系统的平衡度可以用下面的方法求出。

抽油杆上升时负载压力 p_{LS} 可以算出，因

$$p_{LS} = F_M - A_1 p_2 K$$
$$p_{LS} = (p_M - p_2 K)/\alpha = 52.1 - 37.4K$$

其中

$$K = \frac{1}{0.9}\left(0.9^{0.715} - \frac{43.33 \times 0.1}{100}S\right)^{0.715^{-1}}$$

下行时的负载压力 p_{LX} 满足

$$p_{LX} = (A_1 p_2 K - F_m)$$

或

$$p_{LX} = (p_2 K - p_m)/\alpha = 37.4K - 0.068$$

式中

$$p_m = F_m/A_1 = 0.03/43.33 \times 10^{-4} = 6.924 \text{MPa}$$

或

$$p_{LX} = 37.4K - 15.63$$

上下行负载压力计算表见表 2-1。

表 2-1　上下行负载压力计算表

S/m	0	0.3	0.6	0.9	1.2	1.5	1.8	2.1	2.4	2.7	3.0
K	1	0.98	0.96	0.94	0.92	0.90	0.88	0.87	0.85	0.83	0.81
p_{LS}/MPa	14.7	15.5	16.2	16.9	17.6	18.3	19.0	19.8	20.4	21.1	21.8
p_{LX}/MPa	21.8	21.0	20.2	19.6	18.9	18.1	17.4	16.7	16.1	15.3	14.7

$$\sum_0^3 p_{LS} = 201.12 \text{MPa}, \quad \sum_0^3 p_{LX} = 199.85 \text{MPa}$$

故平衡度 $\varepsilon_T = 201.12/199.85 = 1.006$，或反除之 $\varepsilon_T = 0.994$。

可见第二代液压抽油机的平衡度是非常好的。

由上述讨论看出第二代液压抽油机方案是最优的，因为省去了大量钢材，可使成本降低、体积小、运输方便，且效率会大大提高。

2.4　自动填充无梁式液压抽油机

2.4.1　基本原理

图 2-6 为自动填充无梁式液压抽油机原理总图，当从下死点上行时高压油与蓄能器共同向下腔供油推动活塞上行，当到上死点时反向，此时图 2-7 中 G_1 闭合，导致两位两通阀 17、18 将油路 12、13 导通。由于在下死点时 G_2 闭合，电路 15 接通，而时间继电器 SJ_3 的触点 SJ_{3-1} 因其延迟时间大于 1 个周期，故阀 7

仍通电，其 B_1O_1 相通，则蓄能器 11 向油缸上腔供高压油，它与阀 6 通来的高压油一起将活塞下压（下行），又同时将下腔油推进蓄能器 9 和 10（此时 A_1p1 通），因已设置好蓄能器的最高油压，保证下腔油充入两个蓄能器 9 和 10 后，均能保证各自在上升时达到向油缸充油时的初始压力，即 3 个蓄能器的最高压力均为 p_G，下腔油全数充入蓄能器 9、10 之中，以达到 p_G 值。当到下死点时由于接近开关 G_2 闭合，阀 7 电路 15 接通，但不久 SJ_{3-1} 断开，因此阀 7 断开。当再上行到上死点并反向下行时，电路 15 和阀 7 一直断电，继电器 10、11 则按图 2-7 所指路径，即蓄能器 10 向油缸上腔供油（B_1p1 通道）；蓄能器 11 接受来自油缸下腔的高压油（A_1O_1 通道）。以上便是一个周期的全过程。

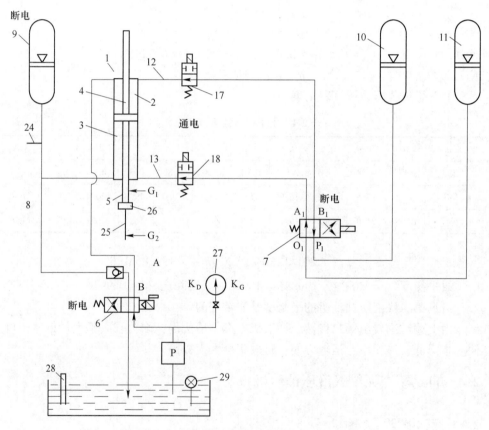

图 2-6　自动填充无梁式抽油机液压系统原理图

由于电路 15 中的时间继电器 SJ_3，其常闭触点 SJ_{3-1} 的延时时间 τ 必须满足下列条件

$$1 \text{ 冲次时间} < \tau < 1.5 \text{ 冲次时间}$$

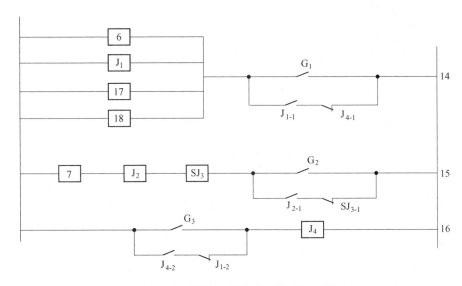

图 2-7　自动填充无梁式液压抽油机电控图

这表明 G_2 瞬间闭合时电路 15 闭合，SJ_{3-1} 需在活塞从下死点到上死点再到下死点（一周）之后才断开，因而电路 15 断电，当上行到上死点再反向时阀 7 则又以断路方式运行，从而完成它的一个特殊周期。

2.4.2　全局优化设计

（1）油缸下腔的容积一半为泵供高压油，另一半为蓄能器 9 充进的高压油；

（2）上下流量 Q_M 及时间 τ 相等；

（3）用泵流量调冲次；

（4）用蓄能器 p_G 调整下慢；

（5）按式（2-5）上腔面积或者体积的必须被泵油和蓄能器 10 或 11 平分，否则系统会振动。

例：已知最大悬点载荷 $F_M = 0.1\text{MN}$，最小悬点载荷 $F_m = 0.03\text{MN}$，冲程 $S = 3\text{m}$，冲次 $n = 6$ 次/min。现设负载压力 $p_L = 12\text{MPa}$，则油缸有效面积 A_L 应为

$$A_L = \frac{F_M}{p_L} = \frac{0.1}{12} = 83.33 \times 10^{-4}\text{m}^2$$

因油缸上下腔的活塞直径相等，今设其为 $d = 9 \times 10^{-2}\text{m}$

油缸腔的内径　$R = \sqrt{\dfrac{83.33 + 4.5^2 \pi}{\pi}} = 6.83 \times 10^{-2}\text{m}$

$$D = 13.66 \times 10^{-2}\text{m}$$

现取　　　　　　　　$D = 140\text{m},\ R = 7 \times 10^{-2}\text{m}$

故油缸有效面积

$$A_L = \pi(R^2 - r^2) = \pi(7^2 - 4.5^2) = 90.3 \times 10^{-4} \, \text{m}^2$$

泵出流量及 3 个蓄能器出入的流量所占活塞面积均为

$$A_9 = \frac{A_L}{2} = 45 \times 10^{-4} \, \text{m}^2$$

其容积为 $V = 45 \times 10^{-4} \times 3 \times 10^3 = 13.5 \text{L}$

$$K = \frac{1}{0.9} \left(0.9^{0.715} - \frac{13.5}{100} \right)^{\frac{1}{0.715}} = 0.8025$$

则蓄能器的出口压力 $p_G = p_L / K = 12 / 0.8025 = 15 \text{MPa}$

返向最小悬点载荷 0.03MN，折合负载压力

$$p_m = 0.03 / (83.33 \times 10^{-4}) = 3.6 \text{MPa}$$

故向下的负载力

$$p_L = p_G - 3.6 = 15 - 3.6 = 11.4 \text{MPa} \approx 12 \text{MPa}$$

因此在一个周期内负载压力 p_L 始终（基本上）为 12MPa，而流量为

$$Q_M = 45 \times 10^{-4} \times 2 \times 3 \times 6 \times 10^3 = 162 \text{L/min}$$

故功耗

$$N = p_L Q_M / 60 \times 0.86 \times 0.96 \times 0.92 = 12 \times 162 / 45.6 = 42.63 \text{kN}$$

3　第三代高效有梁式液压抽油机

第二代无梁式液压抽油机的优点是高效，地面效率可达70%以上；不足之处是寿命短，一般是一年，换一次油缸的密封圈可达两年寿命。另外冲程不能太长，一般3m以内最合适。因此我们设计出第三代液压机，其寿命为3~4年，冲程为6m，这样其适用范围就很广了。其效率与二代机相同。

3.1　第三代液压抽油机的结构组成

图3-1是第三代液压抽油机的照片。

图3-1　第三代液压抽油机

第三代液压抽油机的结构组成可由图3-2~图3-4看出。

由图3-2可知第三代液压抽油机是由机械系统1、液压系统2及电控系统3

组成。其中机械系统由前驴头 4、游梁 5、支架 6、底盘 7、悬绳器 8 和悬绳 9 及后驴头 11 等 7 部分组成。图 3-2 中 10 为采油树。对于硬连接方式即将后驴头 11 及其悬绳器换成连接轴承。

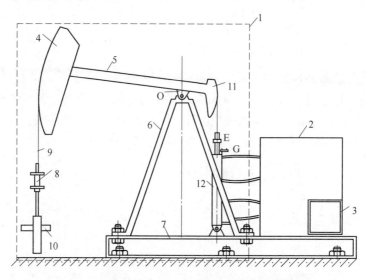

图 3-2   第三代液压抽油机原理图

1—机械系统；2—液压系统；3—电控系统；4—前驴头；5—游梁；
6—支架；7—底盘；8, 12—悬绳器；9—悬绳；10—采油树；11—后驴头

图 3-3 为第三代液压抽油机的液压系统图。它包括一套油泵组合，即由电机 29、手动变量轴向柱塞泵 30、粗油滤 31 和单向阀 26 等 4 部分组成。高压油依次经过精油滤 32、电液换向阀 18、两个液控单向阀 17 与 17A，分别与油缸 12 的中间两腔管路 14、15 相通。油缸 12 上腔 13A 由管路 13 分别经过高压截止阀 40、41、42 和 43 与蓄能器 20、油源 B 点和油箱相通，其中 40、41 两阀通径为 40mm，而 42 与 43 两阀通径为 16mm。电接点压力表 45 的两个电接点 K_G 与 K_D 分别监测油路负载压力的上限（过载）和下限（断载）。压力表 45 可将电信号送至电路控制中心加以判断和处理后，才能发出停机与否的指令。电磁溢流阀 23 做安全阀使用，远程调压阀 25 起调压作用。此外，二位三通电磁换向阀 19、蓄能器 22 和单向阀 27 组成液控单向阀 17 与 17A 的控制回路。显然，液控单向阀 17 与 17A 的启闭只与换向阀 19 的电路通断有关，与泵源有无压力无关。因为蓄能器 22 经常保持有足够的压力与流量，显然，此时的液控单向阀变成了电控单向阀。此外，由蓄能器 21、溢流阀 24 与单向阀 28 组成系统的补油回路 48。压力表 45、46 与 47，分别指示油源的压力、蓄能器 20 的瞬时压力与补油回路 48 的充放压力。液压系统中的其他元件为油箱 33、液位计 36、空气滤清器 39、加热器 37 和温度计 38。

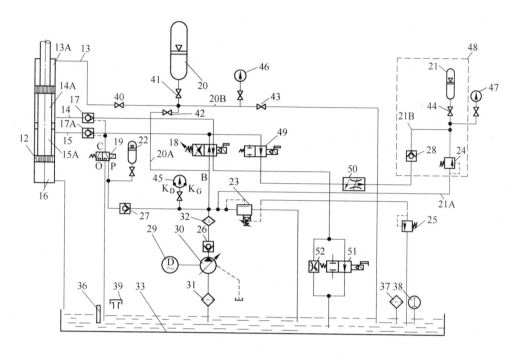

图 3-3　第三代液压抽油机的液压系统图

图 3-4 为第三代液压抽油机的电控系统图，其中 M 为图 3-3 中所示的电机 29，RJ 为热继电器，KM 为接触器，K 为空气开关，JR 为图 3-3 中所示的电加热器 37，KR 为电加热器回路的空气开关。A、B、C 代表三相电源。图 3-4 中右侧 A、O 两条垂线分别代表单向交流电 220V 的电源与地线。

在 A、O 两线中最上端的电路 53 代表电机的启动回路，它包括电机的手动启动 Q、手动停机 T 和自动停机等三种功能，其中自动停机又包括因电机回路过热使热继电器 RJ 的触点 RJ_1 断开，以及因其他原因使 J_{2-1} 触点断开而自动停机等两部分。显然，不管手动停机还是自动停机，都是设法断开回路 53，使接触器 KM 断电，因而断开电机回路。同理，启动、降温和闭合触点 J_{2-1}，都是接通回路 53，以使电机接通。图 3-4 中电路 54 为电机启动时液压加载延时回路。图 3-4 中电路 55 由电磁溢流阀的泄荷线圈 XH 及刹车控制用二位三通电磁换向阀 19 组成。它分别起到泄荷与刹车的作用，K_3 为刹车开关。图 3-4 中电路 56 为换向回路，它由接近开关 G、继电器 J_1、时间继电器 SJ_2、二位四通电液换向阀 18 的线圈和手动换向按钮 SH 组成。电路 56 中的 49 为二位二通电磁换向阀，它起到控制补油方向的作用。图 3-4 中电路 57 与电路 56 中的时间继电器 SJ_3 一起组成消振回路，它由二位二通电磁换向阀 51、时间继电器 SJ_3 的触点 SJ_{3-1} 及继电器 J_1 的触点 J_{1-2} 构成。图 3-4 中电路 58 为超载、断载、液位和温度等四种控制器。它由

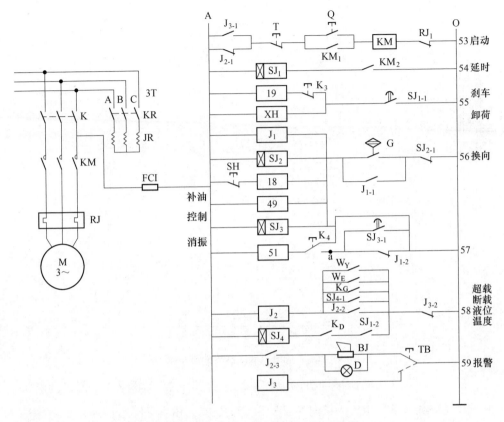

图 3-4　第三代液压抽油机的电控系统图

继电器 J_2、时间继电器 SJ_4、继电器 J_3 的触点 J_{3-2}、时间继电器 SJ_1 的触点 SJ_{1-2} 以及压力表 45 的超载电接点 K_G、断载电接点 K_D、液位传感器结点 W_Y 和温度传感器结点 W_E 等组成。图 3-4 中电路 59 为声光报警回路，它由扬声器 BJ、旋转灯 D、继电器 J_3、继电器 J_2 的触点 J_{2-3} 及停报按钮 TB 组成。

3.2　第三代液压抽油机的基本原理

3.2.1　启动回路

　　由图 3-4 可见，合上电源的空气开关 K 后，按下电路 53 中的启动按钮 Q，则因接触器 KM 被接通，使电机电路中的 KM 触点闭合。于是电机被启动。由于电路 54 中的 KM_2 触点闭合，时间继电器 SJ_1 被接通，因此电路 55 中的触点 SJ_{1-1} 经过几秒钟后闭合。由于 XH 为电磁溢流阀 23 中的电磁卸荷阀（断电卸荷），故在 SJ_{1-1} 延时闭合前系统压力为零，这使电机有充分的启动时间。当 SJ_{1-1} 闭合后系统压力达到规定值，从而完成启动工作。电路 53 中的触点 KM_1，起自锁作用，当按下 Q 后电路接通时 KM_1 便接通，当松手 Q 断开后，线路仍然闭合。

3.2.2　换向回路

由图 3-4 中电路 56 可知，当电路断开时换向阀 18 使图 3-3 中油路 15 通高压，因此油缸杆下行，即驴头上行，完成抽油动作。由图 3-3 可知，当油缸杆上的挡块 E 靠近光电接近开关 G 时（此是驴头的最高点），图 3-4 中电路 56 接通，从而继电器 J_1 接通。因此触点 J_{1-1} 闭合。这时换向阀 18 通电，高压油沿油路 14 流向油缸 14A 腔，于是由图 3-3 看出油缸杆开始上行，即驴头下行。由于 J_{1-1} 闭合，使时间继电器 SJ_2 接通，因而回路 56 中的 SJ_{2-1} 触点将延时断开。SJ_{2-1} 断开后继电器 J_1 将被断电，因此电路 56 中的触点 J_{1-1} 将断开。于是换向阀 18 的电磁铁回路又将断电，高压油又将通向油路 15，使油缸杆下行，完成换向动作。显然，油缸杆从挡块 E 靠近接近开关 G 后开始上行，直到时间继电器 SJ_2 的触点 SJ_{2-1} 断开为止，油缸上行的距离（即冲程）取决于 SJ_{2-1} 触点延时断开的时间及油泵的流量。由于两者都是可调的，因此抽油机的冲程与冲次就可通过改变时间继电器 SJ_2 的延时时间和油泵斜盘的角度来实现。

3.2.3　平衡回路

当驴头由上向下运动时，由于抽油杆及驴头等的重量常达数吨（称此为悬点最小载荷，用 F_{min} 表示），因此驴头将以自重带动油缸杆向上运动，油缸活塞腔 14A 将形成零压和负压，此时抽油机将失去控制。当驴头由下向上运动时，液压力除克服驴头、抽油杆的重量外，还要克服抽油力（总称为悬点最大载荷，用 F_{max} 表示），因此，油缸要产生相当高的油压才能推动驴头向上运动。这便是不平衡的状态，所以机械式抽油机要用数吨重的配重块来解决平衡问题，对于第三代液压抽油机，则是靠蓄能器 20、复合油缸上腔 13A 以及其间连接的管路 13 来解决平衡问题。当驴头向下运动时，蓄能器 20 中的高压油将在油缸上腔 13A 中对活塞产生一个向下的液压力 F_x。通常 $F_x > 4F_{min}$，因此在没有高压油进入腔 14A 前驴头不会运动。假设进入腔 14A 的油源压力为 F_L，则 F_L 必须满足式 (3-1)，驴头才能正常运动

$$F_L \geqslant F_x - 4F_{min} \tag{3-1}$$

由于 F_x 是油缸位移的函数，故 F_L 也是油缸位移的函数。当驴头下到下死点时，油缸上腔 13A 中的液体被推入蓄能器 20 中，从而将驴头重力所做的功存储在蓄能器 20 之中。

当驴头由下向上运动时，蓄能器 20 中的高压液体将通过油缸上腔 13A 中的活塞产生一个向下的力 F_x，但 $F_x < 4F_{max}$，因此在没有高压油进入油缸中下腔

15A 之前驴头是不会向上运动的。只有进入 15A 腔的负载压力 F_L 满足式（3-2），驴头才会向上运动

$$F_L \geq 4F_{max} - F_x \tag{3-2}$$

令式（3-1）、式（3-2）相等，可得出

$$F_x = 2(F_{max} + F_{min}) = F_{x0} \tag{3-3}$$

式中，F_{x0} 是驴头行至冲程多一半时蓄能器产生的液压力。

显然，若蓄能器的充液压力能满足式（3-3），即可认为起到了平衡作用。这里驴头下行时所做之功完全被保留下来，并将其用在驴头上行时做功。

3.2.4　过载与断载保护回路

抽油机最怕出现过载与断载故障。所谓过载，即悬点最大载荷超过允许值。如果出现此种故障，抽油机不能识别，并还继续运动，必然造成断杆或损坏其他部件。所谓断载，指抽油杆断裂或脱开，出现此种故障需要立即停机处理。但过去的老式抽油机并无此功能。第三代液压抽油机，可以解决这两个问题。图 3-3 中压力表 45 带有高低压两个电接点 K_G 与 K_D；其中 K_G 感受过载，K_D 感受断载。当过载时，负载压力 p_L 必然超过原规定的最高值。因此图 3-4 中电路 58 的触点 K_G 闭合。由电路 58 看出，当 K_G 闭合时电路 58 接通，继电器 J_2 被接通，因而电路 53 中常闭触点 J_{2-1} 断开，则电路 53 被切断，故电机停转。同时因电路 54 被断开，电路 55 中的 SJ_{1-1} 触点亦随之断开，于是溢流阀 23 立即卸荷，以保护油泵。又由于二位三通换向阀 19 断电，因此，液控单向阀 17 与 17A 亦关闭，于是立即刹车。与此同时电路 59 中的 J_{2-3} 触点闭合，开始声光报警。此外，由于 J_{2-2} 触点闭合，即便由于停机、泄载，使 K_G 断开，报警仍然不停，直到操纵人员到来并按下停报按钮 TB 时为止。

断载保护回路比较复杂，因为当断载发生时，驴头必然处在上行时段，由于断载驴头上的抽油载荷或模拟抽油载荷基本消失，故此时在蓄能器 20 产生的巨大压力下油缸带动驴头快速上行。由于蓄能器在油缸上腔产生的液压力远大于驴头此时的负载力，因此油源的液压力为零或基本为零。此时压力表 45 的低压电接点 K_D 接通，同时 SJ_{1-2} 处于闭合状态，于是保护回路开始启动，其过程与超载保护回路相同。

另外，在正常运行中会出现多种非断载引起的低压信号，断载保护回路应能识别并加以排除。例如电机启动时要延迟 5s 油泵才升压，延时继电器 SJ_1 在 58 回路中的触点 SJ_{1-2} 也必须 5s 后才闭合；另外，驴头在换向瞬时有时也出现低压，为排除此干扰在 58 回路中加一个延时触点 SJ_{4-1}，当 K_D 和 SJ_{1-2} 都闭合后，58 回路也必须等 1s 才能闭合。

当人们消除故障后，按下停报按钮 TB 即可切断电路 59，从而停止报警。但

同时也接通继电器 J_3，使电路 58 中的触点 J_{3-2} 断开，因而 J_{2-1} 闭合使电机重新启动；同时电路 58 因触点 J_{3-2} 断开而切断，于是继电器 J_2、时间继电器 SJ_4 同时断电，因而 J_{2-2}、SJ_{4-1} 和 J_{2-3} 三个触点断开，于是系统恢复到正常工作状态。

3.2.5　补油回路

当驴头换向时，为了运动平稳需要减速和停顿瞬间。另外，为了提高井下抽油泵的充满系数，也需要驴头在下死点停顿瞬间；而为了减少抽油杆断杆和脱开的次数，当驴头在上死点时也需要停顿瞬间，以使井下的抽油泵有卸载时间。这一切对于老式抽油机是不可想象的。对于第三代液压抽油机却可通过电液换向阀 18 中的三个小旋钮来实现。然而这种换向停顿的办法却浪费了能量，因为在停顿时间内，高压油将被溢流阀 23 排回油箱。为解决此问题，本书所述的液压抽油机采用了一种所谓补油回路，见图 3-3 中的回路 48。应该说明，补油回路 48 还可同时实现驴头上行快、下行慢的特殊运动规律，以进一步提高井下抽油泵的充满系数。图 3-3 中的补油回路 48 包括蓄能器 21、溢流阀 24、单向阀 28、调速阀 50、二位二通电磁换向阀 49 和压力表 47。显然，蓄能器 21 只有通过管路 21A 充液，而溢流阀 24 的开闭由油源压力 p_L 来控制。若将其开启压力 p_b 调到稍大于 p_L 的最大值 p_{Lmax}，并令溢流阀 23 的开启压力远大于 p_b，则只有在驴头因换向而停顿的瞬间，负载压力 p_L 才会大于 p_b，因而溢流阀 24 开启，蓄能器 21 开始充液。当换向结束后的瞬间，负载压力 p_L 很低。因此蓄能器 21 存储的高压油将沿着通道 21B 经单向阀 28、调速阀 50，进入二位二通电磁换向阀 49 中的入口。电磁换向阀 49 的线圈与换向阀 18 的线圈并联。当阀 18 的线圈断电时，换向阀 18 将高压油接入油缸 12 的中下腔 15A，因此油缸杆下行，驴头上行。与此同时换向阀 49 在断电情况下进出口相通，即蓄能器 21 中的高压油在大约 1s 内流向油缸的 15A 腔，使驴头上行加快。如果通电，则换向阀 49 关闭进出口通道。因此蓄能器 21 的高压油将不能放出，以备下半周期使用。如果油源总流量为 180L/min，而上下两死点的停顿时间共为 0.5s，则在一个周期内蓄能器 21 存入的高压油大约为 1.5L。若在驴头上行时，在 1s 内放出，则有 90L/min 的流量，因此是非常可观的数值。图 3-3 中 50 为串联压力补偿的调速阀，通过此阀可使放出来的补油流量为恒值以使驴头上行时既快又匀速，否则由于负载压力 p_L 及蓄能器 21 中压力 p_x 变化导致驴头上行速度不均匀。

3.2.6　刹车回路

当抽油机出现过载、断载或其他紧急情况时，要求驴头立即停在出事位置。为此第三代液压抽油机在油缸两个腔 14A 与 15A 的出口处各安装一个液控单向阀 17 及 17A，并分别与管路 14 和管路 15 相串联，它们的液控口合起来与一个二位三通电磁换向阀 19 的输出口 C 相通。其工作原理是线圈通电时输出口 C 与输入口 P 相通，此时液控单向阀 17 与 17A 正反向流动均不受阻。当换向阀 19 的线圈断电时，其输出口 C 与 O 口相通，P 口被关死。此时液控单向阀 17 与 17A 的液控口压力为零，因此油缸被锁住，即被刹车。单向阀 27 的作用是使蓄能器 22 保压，也即 P 口压力与油源压力波动无关。由本节介绍可知，此时的液控单向阀 17 或 17A 实际变成电控单向阀。其优点是刹车与否与油源压力无关，况且刹车灵敏、可控。此外，图 3-4 的电路 55 中在靠近二位三通电磁换向阀 19 的右侧还有一个常闭式开关 K_3，其作用是作紧急刹车之用。显然，只要按下 K_3 油缸即被刹住。

3.2.7　消振回路

在第 1 章中也谈到，对于稠油井或聚注井，当驴头由上死点向下运动的瞬间井下泵的下腔未必全部充满，因此驴头的悬点载荷并不等于最小值 F_m，而是仍为最大值 F_M，此力作用在油缸活塞上的值远大于蓄能器中高压油作用在油缸活塞上的反力。因此驴头下行，油缸活塞上行迫使其上腔 13A 中的液压油的多余部分流回蓄能器。但这仅是一段微小的移动，井下泵的活塞很快与其下腔的油液相接触；因此上阀门打开，驴头卸荷，此时悬点载荷恢复到最小值 F_m。蓄能器中高压油作用在油缸活塞上的反力又大于 F_m 产生的作用力；因此驴头又会向上作微小运动，这就使驴头出现了一次摆动。此后驴头才会进入正常的下行运动。为消除此摆动，特在图 3-3 中设置一个由 51、52 组成的消振回路。其原理是驴头在正常运动中二位二通换向阀 51 开启，它与节流阀 52 一起通过系统总回油。当驴头从上死点向下运动的瞬间换向阀 51 关闭（断电），这样整个系统只能通过节流阀 52 回油，因此油缸中下腔 15A 产生一个很大的背压，用此抵消驴头上瞬时产生的最大悬点载荷 F_M。使驴头平稳地向下运动，因而不再出现摆动。当通过此段振动区后二位二通换向阀又因通电而开启，于是系统又进入正常工作。由于这段行程很短，需时也只在 1s 以内，故二位二通换向阀的瞬间关闭，功率的附加消耗可以忽略。二位二通换向阀 51 的电路控制可由图 3-4 的回路 57 来实现。在驴头上行时由于继电器 J_1 断电，触点 J_{1-2} 闭合，回路 57 通电，阀 51 开启；当驴头到上死点后并开始下行时，由于接近开关 G 闭合导致回路 56 闭合（参见换向回路部分），因而回路 57 中触点 J_{1-2} 断开，阀 51 断电，其油路关闭。与此同时，回路 56 闭合导致时间继电器 SJ_3 通电，因此其触点 SJ_{3-1} 应该闭合，但不立即闭合而是延迟一段 Δt 时间，这正是消除驴头振动的那段时间。Δt 可以调节，过长会浪费能量，过短仍会出现部分摆动。若取消消振回路可将电路 57 中开关 K_4 扳到上边，使阀 51 线圈通电（图中所示为消振状态）。

3.2.8 液位控制与油温控制回路

液压抽油机工作在无人看管的野外，一旦因管路破裂而漏油便可能将油箱中的大部分油损失掉，不仅造成巨大浪费，还会因无油而烧坏油泵。因此在油箱中装有液位控制器是十分必要的，液位一旦低于设定油面，电路便被接通，启动了自动停机报警程序。图 3-4 中回路 58 的开关 W_Y 便是液位传感器中的开关。当此开关闭合后由于继电器 J_2 通电而使电机回路 53 中的 J_{2-1} 触点断开，因此电机停转，由于 J_2 接通触点 J_{2-3} 闭合，开始了声光报警。

同理油温控制的控制原理也与液位控制原理相同。一旦因故油温高于预设值时，图 3-4 中回路 58 的温度传感器开关 W_E 便闭合，于是又启动了自动停机报警程序。

3.2.9 电机热保护回路

当油泵出现故障或油路过载时，电机负荷加大，温度升高。因而图 3-4 中的热负荷继电器 RJ 接通，迫使其触点 RJ_1 断开，因此系统停机并刹车。

3.2.10 前后驴头力臂比的最佳选择

应该说明，图 3-2 中由驴头 4 悬点到游梁 5 支点 O 的距离与点支 O 到后驴头的悬点距离之比为 4 比较合适，这样可减小油缸 12 的行程和提高油缸 12 密封圈的寿命。但也因后驴头半径过小，使得钢丝绳寿命变短。为此本书将在第 4 章特别介绍此部分。

3.3 第三代液压抽油机的力学方程式

图 3-3 所示为第三代液压抽油机原理图。

现设 F_M 为悬点最大载荷，MN；F_m 为悬点最小载荷，MN；A_1 为油缸活塞上腔有效面积，m^2；F_x 为油缸上腔液压力，MN；A_L 为油缸中间两腔活塞有效面积，m^2；F_L 为油缸中间两腔产生的液力，MN；p_L 为油源负载压力，MPa；p 为油缸上腔压力，MPa。

当前驴头（简称驴头）上行抽油时，悬点载荷最大，即 F_M，此时油缸的力方程为

$$F_x + F_L = 4F_M \tag{3-4}$$

当驴头下行时悬点载荷为最小值，即 F_m，此时力方程为

$$F_x - F_L = 4F_m \tag{3-5}$$

现令

$$F_M = A_1 p_M, \quad F_m = A_1 p_m, \quad F_L = A_L p_L, \quad F_x = A_1 p$$

$$\mu = F_m / F_M \tag{3-6}$$

$$\alpha = A_L / A_1 \tag{3-7}$$

则式（3-4）、式（3-5）可写成

$$p + \alpha p_L = 4 p_M \tag{3-8}$$

$$p - \alpha p_L = 4 p_M \tag{3-9}$$

由于 p 由蓄能器产生，当蓄能器参数确定后，p 值只与油缸行程有关。因此在驴头运行时 p 是变数，因而负载压力 p_L 也是变数。今设 p 的最大值为 p_2，最小值为 p_1，则式（3-8）可写成

$$\begin{cases} p_2 + \alpha p_{Lmin1} = 4 p_M \\ p_1 + \alpha p_{Lmax1} = 4 p_M \end{cases} \tag{3-10}$$

式（3-10）两等式相加得到

$$p_{CP} + \alpha p_{L01} = 4 p_M \tag{3-11}$$

式中　　p_{Lmin1}——驴头上行时 p_L 的最小值；

　　　　P_{Lmax1}——驴头上行时 p_L 的最大值。

$$p_{CP} = (p_1 + p_2)/2 \tag{3-12}$$

$$p_{L01} = (p_{Lmax1} + p_{Lmin1})/2 \tag{3-13}$$

同理亦可将式（3-9）化成

$$p_{CP} - \alpha p_{L02} = 4 \mu p_M \tag{3-14}$$

$$p_{L02} = (p_{Lmin2} + p_{Lmax2})/2 \tag{3-15}$$

式中　　p_{Lmin2}——驴头下行时 p_L 的最小值；

　　　　p_{Lmax2}——驴头下行时 p_L 的最大值。

为了做到抽油机的完全平衡，式（3-16）应得到满足：

$$\begin{cases} p_{Lmax1} = p_{Lmax2} = p_{Lmax} \\ p_{Lmin1} = p_{Lmin2} = p_{Lmin} \\ p_{L01} = p_{L02} = p_{L0} \end{cases} \tag{3-16}$$

为此式（3-11）、式（3-14）可改写成

$$p_{CP} + \alpha p_{L0} = 4 p_M \tag{3-17}$$

$$p_{CP} - \alpha p_{L0} = 4 \mu p_M \tag{3-18}$$

式（3-17）、式（3-18）联立得出

$$p_{CP} = 2(1 + \mu) p_M \tag{3-19}$$

$$p_{L0} = 2(1 - \mu) p_M / \alpha \tag{3-20}$$

显然，p_{CP} 与 p_{L0} 分别是蓄能器压力的平均值与负载压力的平衡值。

3.4 研究蓄能器的状态方程式

这里研究的是皮囊式蓄能器，其理想气体状态方程式为

$$[p_0]V_0^n = p_1 V_1^n = p_2 V_2^n \tag{3-21}$$

式中　　$[p_0]$——充气压力，MPa；

　　　　V_0——蓄能器的容积，L。

式（3-21）可写成

$$V_0 = \left(\frac{p_2}{[p_0]}\right)^{1/n} V_2 \tag{3-22}$$

$$V_2 = \left(\frac{p_1}{p_2}\right)^{1/n} V_1 \tag{3-23}$$

今设

$$\Delta V = V_1 - V_2 \tag{3-24}$$

式（3-24）代入式（3-23）

$$V_2 = \left(\frac{p_1}{p_2}\right)^{\frac{1}{n}}(\Delta V + V_2) \tag{3-25}$$

式（3-25）可写成

$$V_2 = \frac{\left(\frac{p_1}{p_2}\right)^{\frac{1}{n}}\Delta V}{1 - \left(\frac{p_1}{p_2}\right)^{\frac{1}{n}}} = \frac{\Delta V}{\left(\frac{p_2}{p_1}\right)^{\frac{1}{n}} - 1} \tag{3-26}$$

将式（3-26）代入式（3-22）得出

$$V_0 = \frac{\left(\frac{p_2}{[p_0]}\right)^{\frac{1}{n}}\Delta V}{\left(\frac{p_2}{p_1}\right)^{\frac{1}{n}} - 1} \tag{3-27}$$

式（3-27）分子分母同用 $\left(\frac{[p_0]}{p_2}\right)^{\frac{1}{n}}$ 除之得到

$$V_0 = \frac{\Delta V}{\left(\frac{[p_0]}{p_1}\right)^{\frac{1}{n}} - \left(\frac{[p_0]}{p_2}\right)^{\frac{1}{n}}} \tag{3-28}$$

为将式（3-28）化成 p_1 函数的形式，先变形成下列形式

$$\left(\frac{[p_0]}{p_1}\right)^{\frac{1}{n}} - \left(\frac{[p_0]}{p_2}\right)^{\frac{1}{n}} = \frac{\Delta V}{V_0}$$

进一步化成

$$\frac{[p_0]}{p_1} = \left[\frac{\Delta V}{V_0} + \left(\frac{[p_0]}{p_2}\right)^{\frac{1}{n}}\right]^n$$

或

$$p_1 = \frac{[p_0]}{\left[\dfrac{\Delta V}{V_0} + \left(\dfrac{[p_0]}{p_2}\right)^{\frac{1}{n}}\right]^n} = \frac{[p_0]}{\left([p_0]^{\frac{1}{n}} + \dfrac{\Delta V}{V_0}p_2^{\frac{1}{n}}\right)^n \dfrac{1}{p_2}}$$

最后化成

$$p_1 = \frac{[p_0]p_2}{\left([p_0]^{\frac{1}{n}} + \dfrac{\Delta V}{V_0}p_2^{\frac{1}{n}}\right)^n} \tag{3-29}$$

　　由于蓄能器的充放一次远远小于 1min，可看成为绝热过程，故上式中的多变指数 $n \approx 1.4$；另外，为提高蓄能器的利用率，可令 $[p_0] = 0.9p_1$，因此式（3-29）可化成

$$p_1 = \frac{[p_0]p_2}{\left([p_0]^{0.715} + \dfrac{\Delta V}{V_0}p_2^{0.715}\right)^{\frac{1}{0.715}}} \tag{3-30}$$

或

$$p_1 = \frac{1}{0.9}\left(0.9^{0.715} - \frac{\Delta V}{V_0}\right)^{\frac{1}{0.715}}p_2 \tag{3-31}$$

　　可见此时当 V_0、ΔV 确定后，p_1 与 p_2 呈线性关系。

　　此一节对蓄能器有关公式的推导及其结果非常重要，它是本书介绍的优化设计的核心部分。过去认为是不重要的液压元件将成为设计各种液压系统不可缺少的东西。本书介绍的液压抽油机就是靠它取消了巨大的配重块，并用它做到精确的平衡。

3.5　油缸及蓄能器参数选择

　　在选择油缸及蓄能器参数时，首先要确定负载压力 p_L，p_L 过高会使油源寿命降低，沿途管路泄漏可能性加大；p_L 过低会增大泵的流量及管路和阀的尺寸，因而增加成本，而且降低系统效率。因为当管路尺寸及阀的规格确定后，p_L 越高流量越小，因而沿途压力损失越小，亦即效率增高；另一方面 p_L 的加大，会使沿途同样压力损失下的相对压力损失减小，因而也会使效率增大。可见在油泵寿命允许下，适当加大负载压力是非常重要的。

一般根据悬点最大载荷 F_M 来初选油缸的缸径及油缸杆直径，进而求出油缸上腔 13A 活塞有效面积 A_1、p_M 和 p_{CP}。然后求出蓄能器的 ΔV，并确定 V_0，进而求出 p_1 及 p_2。最后确定油缸中间腔活塞杆直径及其有效面积。

3.5.1 确定油缸参数

油缸的主要参数为行程 S^*，活塞杆半径 r，缸半径 R 和中间腔杆半径 r_0 等四个参数，其中 S^* 由抽油机最大冲程 S 和前后驴头力臂比来决定。其中力臂比已定为 4:1，故 $S^* \approx S/4$；活塞杆半径 r 取决于悬点最大载荷 F_M，在 $4F_M$ 拉力作用下，根据拉伸强度可算出 r；缸半径 R 与中间腔杆半径 r_0 分别与蓄能器平均压力 p_{CP} 和负载压力平均值 p_{L0} 有关。本节主要研究 R 与 r_0 的求取方法。

一般 p_{CP} 的取值范围在 14~20MPa 为宜，过高蓄能器皮囊寿命降低，过低会增大油缸尺寸和蓄能器容量。p_{L0} 的取值范围也应在 14~20MPa 之间为宜，这一点在本节开头已经介绍过。

（1）求取 R。

先初选 p_{CP} 值，然后由式（3-16）求出 A_1，因最大悬点载荷 F_M 为已知，μ 可由 F_M 与 F_m 求出，这里

$$A_1 = \pi(R^2 - r^2) \tag{3-32}$$

而 r 可根据 F_M 确定，故 R 可确定。

（2）求取 r_0。

先初选 p_{L0}，然后由式（3-20）、式（3-6）和式（3-7）三式求出 α 值，进而求出 A_L 值和 r_0 值，这里

$$A_L = \pi(R^2 - r_0^2) \tag{3-33}$$

如果 R 及 r_0 求出后发现 p_2 及 p_{Lmax} 偏高或偏低，可以对 p_{CP} 及 p_{L0} 加以修正。

3.5.2 确定蓄能器参数

将式（3-12）代入式（3-31）得到

$$p_{CP} = \frac{1}{2}\left[1 + \frac{1}{0.9}\left(0.9^{0.715} - \frac{\Delta V}{V_0}\right)^{\frac{1}{0.715}}\right]p_2 \tag{3-34}$$

设

$$K = \frac{1}{0.9}\left(0.9^{0.715} - \frac{\Delta V}{V_0}\right)^{\frac{1}{0.715}} \tag{3-35}$$

则式（3-12）、式（3-31）可写成

$$\begin{cases} p_2 = \dfrac{2p_{CP}}{1+K} \\[2mm] p_1 = Kp_2 \\[2mm] [p_0] = 0.9p_1 \end{cases} \tag{3-36}$$

从式（3-34）~式（3-36）中可以看出，关键是确定 V_0，V_0 越大，K 值越大（K 值的极限值为1），p_1 越接近 p_2，或者说蓄能器的压力变化范围越小，因而负载压力 p_L 的变化范围也越小。这对于提高蓄能器皮囊及油泵的寿命有好处。但 V_0 过大会增大体积与造价，目前蓄能器最大容积为 $V_0 = 100L$，一般选用最好不超过两个。ΔV（单位 L）可用下式计算

$$\Delta V = A_1 S^* \times 10^3 \tag{3-37}$$

式中

$$S^* = 1.0413 \cdot S/4 \tag{3-38}$$

3.6　确定油泵及电机参数

当油缸参数确定后便可计算出油泵的流量 Q_M 及最大压力 p_{Lmax}，因而又可最后计算出电机所需的功率。这里

$$Q_M = 2A_L \cdot S^* \cdot n \times 10^3 \tag{3-39}$$

式中　Q_M——油的额定流量，L/min；

　　　S^*——油缸的最大行程，m，见式（3-38）；

　　　A_L——油缸中间腔有效面积，m^2，见式（3-33）；

　　　n——抽油机的冲次，次/min。

电机的功率可由下式计算

$$N = p_{L0} Q_M / 60 \eta_1 \eta_2 \eta_3 \tag{3-40}$$

式中　η_1——电机效率；

　　　η_2——油泵总效率；

　　　η_3——管路及缸阀的总效率。

3.7　悬点载荷和冲次对系统的影响

抽油机并不工作在"三大"状态，而是工作在最大功率的 60%~70% 的工作状态。为搞清楚悬点载荷和冲次对负载压力和功率的影响，还需做一些公式推演。

由式（3-20）看出 p_{L0} 与 p_M 成正比，当 A_1 确定后 p_{L0} 与 F_M 成正比，即

$$p_{L0} = \frac{2(1-\mu)}{\alpha A_1} F_M \tag{3-41}$$

式（3-41）还可以看出 μ 越大 p_{L0} 越小，即功耗越小。

此外，由式（3-10）得出

$$p_{Lmax} = \frac{1}{\alpha}(4p_M - p_1) \tag{3-42}$$

若将式（3-19）代入式（3-36）中求出 p_2 表达式后再将其代入式（3-42）可得到

$$\begin{cases} p_{Lmax} = \dfrac{4(1-\mu K)F_M}{\alpha(1+K)A_1} \\[3mm] p_{Lmin} = \dfrac{4(K-\mu)F_M}{\alpha(1+K)A_1} \\[3mm] p_{L0} = \dfrac{2(1-\mu)F_M}{\alpha A_1} \end{cases} \tag{3-43}$$

同理 p_{CP}、p_1 及 p_2 都可化成 F_M 的函数

$$\begin{cases} p_{CP} = \dfrac{2(1+\mu)F_M}{A_1} \\[3mm] p_2 = \dfrac{4(1+\mu)F_M}{(1+K)A_1} \\[3mm] p_1 = \dfrac{4K(1+\mu)F_M}{(1+K)A_1} = Kp_2 \end{cases} \tag{3-44}$$

由式（3-43）及式（3-44）看出 p_{Lmax}、p_{Lmin}、p_{L0}、p_{CP}、p_2 及 p_1 等均与 F_M 成正比。另外，由式（3-39）看出流量 Q_M 与抽油机的冲次 n 成正比。若将式（3-39）及式（3-43）中的 Q_M 与 p_{L0} 表达式一并代入式（3-40）中得出

$$N = \frac{4(1-\mu)S^* n \times 10^3 F_M}{60\eta_1\eta_2\eta_3} \tag{3-45}$$

可见功率也与冲次 n 及悬点最大载荷 F_M 有关。

3.8 设计方案

3.8.1 设计方案一

已知抽油机最大冲程 $S = 5.4\text{m}$，最大冲次 $n = 7.5$ 次/min，悬点最大载荷 $F_M = 100\text{kN}$，悬点最小载荷 $F_m = 30\text{kN}$，试设计第三代有梁式液压抽油机。

根据本章介绍的理论计算公式及设计步骤可以对本方案进行设计，具体设计步骤可分成下列 6 个部分。

（1）先确定油缸的 r、R 和 A_1。

先试取 $p_{CP} = 20\text{MPa}$，则由式（3-19）可得

$$p_M = p_{CP}/2(1 + \mu)$$

为计算方便，这里力的量纲均采用"兆牛"，即"MN"。由于 $\mu = F_m/F_M = 0.03/0.1 = 0.3$，$p_M = F_M/A_1$，故上式可写成

$$A_1 = 2(1 + \mu)F_M/p_{CP} = 2 \times 1.3 \times 0.1/20 = 130 \times 10^{-4} \text{ m}^2$$

由于油缸的最大拉力为 0.4MN，故选 $r = 4.75 \times 10^{-2}$ m，则由式（3-32）可求出油缸缸径为

$$R = \sqrt{A_1/\pi + r^2} = \sqrt{130 \times 10^{-4}/\pi + (4.75 \times 10^{-2})^2} = 7.9964 \times 10^{-2} \text{m}$$

今取 $R = 8 \times 10^{-2}$ m，则

$$A_1 = \pi \left[(8 \times 10^{-2})^2 - (4.75 \times 10^{-2})^2 \right] = 130.1797 \times 10^{-4} \text{ m}^2$$

因而

$$p_M = 0.1\text{MN}/130.1797 \times 10^{-4}\text{m}^2 = 7.6817\text{MPa}$$

（2）求取 r_0 及 A_L。

先试取 $p_{L0} = 20\text{MPa}$，则由式（3-20）可求出 α

$$\alpha = 2(1 - \mu)p_M/p_{L0} = 2 \times 0.7 \times 7.6817/20 = 0.5377$$

$$A_L = \alpha A_1 = 0.5377 \times 130.1797 \times 10^{-4} = 70 \times 10^{-4} \text{ m}^2$$

由式（3-33）求出

$$r_0 = \sqrt{R^2 - A_L/\pi} = 6.4589 \times 10^{-2} \text{ m}$$

取 $\varphi_0 = 2r_0 = 13 \times 10^{-2}$ m

因而

$$A_L = \pi \left[(8 \times 10^{-2})^2 - (6.5 \times 10^{-2})^2 \right] = 68.3296 \times 10^{-4} \text{ m}^2$$

此时

$$\alpha = \frac{A_L}{A_1} = 68.3296 \times 10^{-4}/130.1797 \times 10^{-4} = 0.5249$$

（3）确定蓄能器参数。

由式（3-37）、式（3-38）求出

$$\Delta V = A_1 S^* \times 10^3$$

$$S^* = 1.0413 \times 5.4/4 = 1.4058\text{m}$$

$$\Delta V = 130.1797 \times 10^{-4} \times 1.4058 \times 10^3 = 18.3007\text{L}$$

先令 $V_0 = 100\text{L}$，即选取一个 NXQ-L100/31.5A 高压蓄能器，故

$$K = \frac{1}{0.9} (0.9^{0.715} - 0.1830)^{\frac{1}{0.715}} = 0.7354$$

由式（3-19）求出

$$p_{CP} = 2 \times (1 + 0.3) \times 7.6817 = 19.9724 \text{ MPa}$$

由式（3-36）可求

$$p_2 = 2 \times 19.9724/(1 + 0.7354) = 22.9834 \text{ MPa}$$

$$p_1 = 0.7354 \times 22.9834 = 16.9020 \text{ MPa}$$

$$[p_0] = 0.9p_1 = 15.2118 \text{ MPa}$$

（4）确定负载压力。

由式（3-10）可求出

$$p_{Lmin} = (4p_M - p_2)/\alpha = (4 \times 7.6817 - 22.9834)/0.5249 = 14.7521 \text{ MPa}$$

$$p_{Lmax} = (4p_M - p_1)/\alpha = (4 \times 7.6817 - 16.9020)/0.5249 = 26.3380 \text{ MPa}$$

上述结果看出 p_{Lmax} 偏高，故应将中间腔活塞杆 r_0 减小。

今设 $r_0 = 6.25 \times 10^{-2}$ m，则

$$A_L = \pi [(8 \times 10^{-2})^2 - (6.25 \times 10^{-2})^2] = 78.3435 \times 10^{-4} \text{ m}^2$$

则 $\quad \alpha = A_L/A_1 = 78.3435 \times 10^{-4}/130.1797 \times 10^{-4} = 0.6018$

另外，为减小 $\Delta p = p_2 - p_1$ 的差值，从而减小 $\Delta p_L = p_{Lmax} - p_{Lmin}$ 的负载变化量，拟选用两个 NXQ-L63/31.5A 的蓄能器，其总容积为 126L，故

$$K = \frac{1}{0.9}(0.9^{0.715} - \frac{18.3307}{126})^{\frac{1}{0.715}} = 0.7822$$

$$p_2 = 2 \times 19.9724/(1 + 0.7822) = 22.4132 \text{MPa}$$

$$p_1 = 22.4132 \times 0.7822 = 17.5316 \text{MPa}$$

$$[p_0] = 0.9 \times 17.5316 = 15.7784 \text{MPa}$$

由此得出

$$p_{Lmax} = (4p_M - p_1)/\alpha = (4 \times 7.6817 - 17.5316)/0.6018 = 21.9262 \text{ MPa}$$

$$p_{Lmin} = (4p_M - p_2)/\alpha = (4 \times 7.6817 - 22.4132)/0.6018 = 13.8137 \text{ MPa}$$

$$p_{L0} = 17.8700 \text{MPa}$$

此组参数比较合适。

（5）计算油泵流量。

式（3-39）可得出油泵的额定流量

$$Q_M = 2A_L S^* n \times 10^3 = 2 \times 78.3435 \times 10^{-4} \times 1.4058 \times 7.5 \times 10^3$$
$$= 165.2029 \text{L/min}$$

选 A7V117MALPF 斜轴式轴向柱塞泵，其排量为 117mL/r。

选 4 级立卧两用式电机，其转速为 1480r/min，所以油泵的额定流量为

$$Q_M = 117 \times 10^{-3} \times 1480 \times 0.95 = 164.502 \text{ L/min}$$

显然，此泵合适，式中，0.95 为油泵的容积效率。

（6）计算电机功率。

由式（3-40）可求出

$$N = p_{L0}Q_M/60\eta_1\eta_2\eta_3 = 17.8700 \times 165.2029/60 \times 0.92 \times 0.85 \times 0.92$$
$$= 68.3906\text{kW}$$

所得乃是在悬点载荷最大，冲程与冲次均最大的状态下所需之功率，即所谓"三大"。如果按此选电机便出现油田称之为"大马拉小车"的现象，既影响效率也是一种浪费。实际上按最大状态的60%～70%已足够用。这里选 $F_M = 0.07\text{MN}$，$F_m = 0.021\text{MN}$，$n = 7$ 次/min，分别代入式（3-43）～式（3-45）中得到

$$p_{Lmax} = \frac{4(1 - \mu K)F_M}{\alpha(1 + K)A_1} = \frac{4 \times (1 - 0.3 \times 0.7822) \times 0.07}{0.6018 \times 1.7822 \times 130.1719 \times 10^{-4}} = 1 \times 5.34336\text{MPa}$$

$$p_{Lmin} = \frac{4(K - \mu)F_M}{\alpha(1 + K)A_1} = \frac{4 \times (0.7822 - 0.3) \times 0.07}{0.6018 \times 1.7822 \times 130.1719 \times 10^{-4}} = 9.6766\text{MPa}$$

$$p_{L0} = \frac{2(1 - \mu)F_M}{\alpha A_1} = \frac{2 \times 0.7 \times 0.07}{0.6018 \times 130.1719 \times 10^{-4}} = 12.5100\text{MPa}$$

$$p_{CP} = \frac{2(1 + \mu)F_M}{A_1} = \frac{2 \times 1.3 \times 0.07}{130.1797 \times 10^{-4}} = 13.9815\text{MPa}$$

$$p_2 = \frac{4(1 + \mu)F_M}{(1 + K)A_1} = \frac{4 \times (1 + 0.3) \times 0.07}{1.7822 \times 130.1719 \times 10^{-4}} = 15.6867\text{MPa}$$

$$p_1 = \frac{4K(1 + \mu)F_M}{(1 + K)A_1} = 0.7822 \times 15.6867 = 12.2764\text{MPa}$$

$$N = \frac{4(1 - \mu)S^* n \times 10^3 F_M}{60\eta_1\eta_2\eta_3} = \frac{4 \times (1 - 0.3) \times 1.4058 \times 7 \times 10^3 \times 0.07}{60 \times 0.92 \times 0.85 \times 0.92}$$

$$= 44.6819\text{kW}$$

这里取 $N = 45\text{kW}$ 电机，其型号为 Y225M-4 立卧两用式三相异步电动机。

若选用两台手动变量轴向柱塞泵，其型号分别为 63SCY14-1B 和 63SCY14-1BF，其每台排量为 63mL/r，考虑到电机的实际转速为 1470r/min，油泵的容积效率为 0.95，故流量为

$$Q_M = 2 \times 63 \times 10^{-3} \times 1470 \times 0.95 = 175.959\text{L/min}$$

因此最大冲次可以达到

$$n = 175.959/2 \times 78.3435 \times 10^{-4} \times 1.4058 \times 10^3 = 7.988 \text{ 次/min} \approx 8 \text{ 次/min}$$

由于电机总功率为 44.6819kW，故每台电机可选 22kW，其型号为 Y180L-4。

3.8.2　设计方案二

已知抽油机最大冲程 $S = 4.2\text{m}$，其他同方案一设计，试设计本书所述第三代

有梁式液压抽油机。

本方案设计步骤如下：

（1）由式（3-38）看出冲程的变化只影响 S^* 值，从而影响 K 值，其他均不变。这里 $S^* = 1.0413 \times 4.2/4 = 1.0934 \mathrm{m}$。

（2）由式（3-37）可求出

$$\Delta V = A_1 \cdot S^* \times 10^3 = 130.1719 \times 10^{-4} \times 1.0934 \times 10^3 = 14.2330 \mathrm{L}$$

选一个 100L 蓄能器 NXQ-L100/31.5A，则

$$K = \frac{1}{0.9}\left(0.9^{0.715} - \frac{14.2330}{100}\right)^{\frac{1}{0.715}} = 0.7921$$

（3）将 K 和 S^* 代入式（3-43）~式（3-45）中得出

$$p_{\mathrm{Lmax}} = \frac{4 \times (1 - 0.3 \times 0.7921) \times 0.07}{0.6018 \times 1.7921 \times 130.1719 \times 10^{-4}} = 15.2226 \mathrm{MPa}\ (F_{\mathrm{M}} = 0.07\mathrm{MN})$$

$$= 21.7466 \mathrm{MPa}\ (F_{\mathrm{M}} = 0.1\mathrm{MN})$$

$$p_{\mathrm{Lmin}} = \frac{4 \times (0.7921 - 0.3) \times 0.07}{0.6018 \times 1.7921 \times 130.1719 \times 10^{-4}} = 9.7533 \mathrm{MPa}\ (F_{\mathrm{M}} = 0.07\mathrm{MN})$$

$$= 13.9333 \mathrm{MPa}\ (F_{\mathrm{M}} = 0.1\mathrm{MN})$$

$$p_{\mathrm{L0}} = \frac{2 \times (1 - 0.3) \times 0.07}{0.6018 \times 130.1719 \times 10^{-4}} = 12.5100 \mathrm{MPa}\ (F_{\mathrm{M}} = 0.07\mathrm{MN})$$

$$= 17.8714 \mathrm{MPa}\ (F_{\mathrm{M}} = 0.1\mathrm{MN})$$

$$p_{\mathrm{CP}} = \frac{2 \times (1 + 0.3) \times 0.07}{130.1797 \times 10^{-4}} = 13.9815 \mathrm{MPa}\ (F_{\mathrm{M}} = 0.07\mathrm{MN})$$

$$= 19.9736 \mathrm{MPa}\ (F_{\mathrm{M}} = 0.1\mathrm{MN})$$

$$p_2 = \frac{4 \times (1 + 0.3) \times 0.07}{1.7921 \times 130.1719 \times 10^{-4}} = 15.6140 \mathrm{MPa}\ (F_{\mathrm{M}} = 0.07\mathrm{MN})$$

$$= 22.3056 \mathrm{MPa}\ (F_{\mathrm{M}} = 0.1\mathrm{MN})$$

$$p_1 = 12.3491 \mathrm{MPa}\ (F_{\mathrm{M}} = 0.07\mathrm{MN})$$

$$= 17.6415 \mathrm{MPa}\ (F_{\mathrm{M}} = 0.1\mathrm{MN})$$

$$N = \frac{4 \times (1 - 0.3) \times 1.0934 \times 7.5 \times 0.1 \times 10^3}{60 \times 0.92 \times 0.85 \times 0.92}$$

$$= 531927 \mathrm{kW}\ (n = 7.5\ 次/\mathrm{min}，F_{\mathrm{M}} = 0.1\mathrm{MN})$$

$$= 37.2349 \mathrm{kW}\ (n = 7.5\ 次/\mathrm{min}，F_{\mathrm{M}} = 0.07\mathrm{MN})$$

可见选 37kW 电机（Y225S-4）已足够用。

从此例看出只有蓄能器容量及电机功率与方案一不同，其余参数均与方案相近。

本方案仍选 A7V117MALPF 斜轴式轴向柱塞泵。

由式（3-39）可求出抽油机可能有的最大冲次

$$n = \frac{Q_M}{2A_L S^* \times 10^3} = \frac{117 \times 10^{-3} \times 1480 \times 0.95}{2 \times 78.3435 \times 10^{-4} \times 1.0934 \times 10^3} = 9.5976 \text{ 次/min}$$

若选用 63CSY14-1B 和 40SCY14-1BF 两台轴向柱塞泵，其排量分别为 63mL/r 和 40mL/r，其流量分别为

$$Q_M = 63 \times 10^{-3} \times 1470 \times 0.95 = 87.9795 \text{L/min}$$

$$Q_M = 40 \times 10^{-3} \times 1460 \times 0.95 = 55.48 \text{L/min}$$

因此最大冲次为

$$n = 87.9795/2 \times 78.3435 \times 10^{-4} \times 1.0934 \times 10^3 +$$

$$55.48/2 \times 78.3934 \times 10^{-4} \times 1.0934 \times 10^3$$

$$= 5.1353 + 3.2384 = 8.3737 \text{ 次/min}$$

此时电机功率分别为

$$N_1 = 4 \times (1 - 0.3) \times 1.0934 \times 5 \times 0.06 \times 10^3/60 \times 0.915 \times 0.85 \times 0.92 = 21.2933 \text{kW}$$

$$N_2 = 4 \times (1 - 0.3) \times 1.0934 \times 3 \times 0.06 \times 10^3/60 \times 0.885 \times 0.85 \times 0.92 = 13.2700 \text{kW}$$

式中，F_M 选为 0.06MN。这里分别选立卧两用式电机 Y180L-4（22kW）和 Y160L-4（15kW）两台。

4 第四代高效长冲程长寿命
智能式液压抽油机

关于第四代高效长冲程长寿命智能式液压抽油机（简称四代机）的特点已在第 1 章介绍过，本章将详细介绍第四代液压抽油机的原理、结构组成、优化设计和设计实例。

4.1 第四代液压抽油机的结构原理

图 4-1 为第四代液压抽油机的原理图，图中驴头占 90°角，驴头半径 $R = 6\text{m}$，游梁支点后面（简称后驴头）半径 $r = 1.2\text{m}$。油缸杆通过滚柱轴承与后驴头相连。油缸杆上下运动带动游梁绕支点上下运动，前驴头借助钢丝绳拉动抽油杆上下运动，以从地下向上抽原油。这里前后驴头半径之比为

$$\varepsilon = R/r = 6/1.2 = 5 \tag{4-1}$$

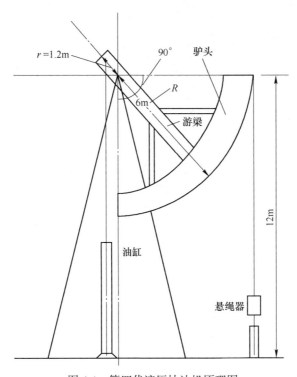

图 4-1　第四代液压抽油机原理图

驴头最大摆角

$$\beta_M = 90° \tag{4-2}$$

在运行到下死点时，前驴头下角有一小部分要进入支架中，因此设计支架时要留出一个浅洞。

通过计算可知其最大冲程

$$S_M = 9.5m \tag{4-3}$$

最大冲次为

$$n = 1.9 \text{ 次} / \min \tag{4-4}$$

相当于冲程 $S_M = 3m$，冲次 $n = 6$ 次 $/\min$ 的机械式 10 型机的运行状态。

此种抽油机的最大优点是效率高，地面效率可达 72%；冲程长，可达 10m；寿命长，可达 10 年；并具有各种保护装置。以上特点将在本章中详细论述。

4.2　第四代液压抽油机的液压系统优化设计

图 4-2 为第四代液压抽油机的液压系统优化设计图，其中 13 为双活塞液压缸；18 为三位四通电液换向阀；17、20 为蓄能器；14、15、19 为二位二通电磁换向阀；22 为调速阀；33 为节流阀；16、23 为溢流阀；G_1、G_2 为接近开关；24、28、34 为压力表；25 为远程调压阀；E 为接通接近开关的挡块；29 为 Y 系列三相异步电机；30 为手动变量弯轴柱塞泵；31、32 为粗、精油滤；其他 36、37、38、39 分别为液位计、加热器、温度计、空气滤清器。

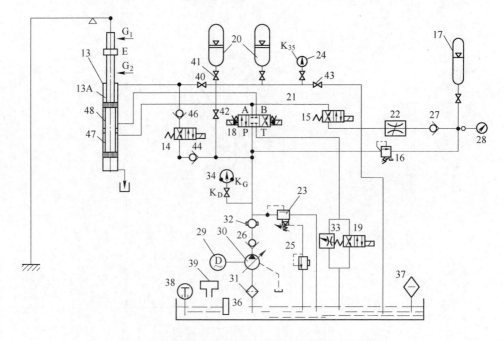

图 4-2　第四代液压抽油机的液压系统优化设计图

4.3　第四代液压抽油机的电控系统

图 4-3 为第四代液压抽油机的电控系统图，其中 $M_{3\sim}$ 为 Y 系列三相异步电机 29，RJ 为热继电器，KM 为接触器，K 为空气开关，JR 为图 4-2 中所示的电加热器 37，KR 为电加热器回路的空气开关。A、B、C 代表三相电源。图 4-3 中右侧 A、O 两条垂线分别代表单向交流电 220V 的电源与地线。

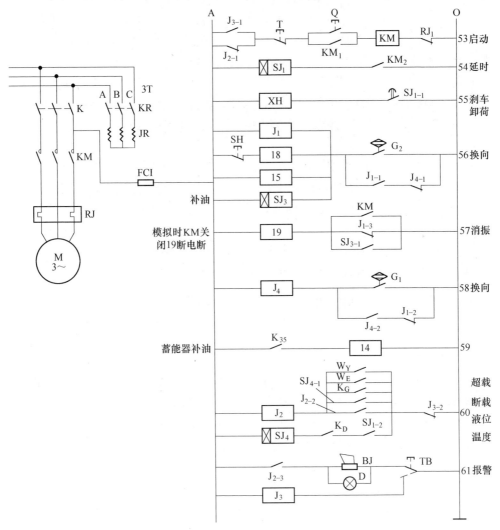

图 4-3　第四代液压抽油机的电控系统图

在 A、O 两线中最上端的电路 53 代表电机的启动回路，它包括电机的手动启动 Q、手动停机 T 和自动停机等三种功能，其中自动停机又包括因电机回路过热使热继电器 RJ 的触点 RJ_1 断开，以及因其他原因使 J_{2-1} 触点断开而自动停机等两部分。显然，不管手动停机还是自动停机，都是设法断开回路 53，使接触器 KM 断电，因而断开电机回路。同理，启动、降温和闭合触点 J_{2-1}，都是接通回路 53，以使电机接通。图 4-3 中电路 54 为电机启动时液压加载延时回路。

图 4-3 中电路 55 由电磁溢流阀的卸荷线圈 XH 组成。它起到卸荷的作用。图 4-3 中电路 56 和 58 为换向回路，其中电路 56 为上死点换向回路，它由接近开关 G_2、继电器 J_1、三位四通电液换向阀 18 的线圈和手动换向按钮 SH，以及继电器 J_1 的触点 J_{1-1}、继电器 J_4 的触点 J_{4-1} 组成。电路 56 中的 15 为二位二通电磁换向阀，它起到控制补油方向的作用。电路 57 为消振回路，其中 19 为二位二通电磁换向阀的线圈、时间继电器 SJ_3 的触点 SJ_{3-1}、继电器 J_1 的触点 J_{1-3} 和开关 KM 组成。电路 58 为下死点换向回路，它由接近开关 G_1、继电器 J_4 和其触点 J_{4-2}、继电器 J_1 的触点 J_{1-2} 组成。电路 59 为蓄能器的自动补油回路，当蓄能器 20 的油压低于规定值时，具有油压接点开关 35 的压力表 24 便接通回路 59，开始自动补高压油。

图 4-3 中电路 60 为超载、断载、液位和温度等四种控制器。它由继电器 J_2、时间继电器 SJ_4、继电器 J_3 的触点 J_{3-2}、时间继电器 SJ_1 的触点 SJ_{1-2} 以及压力表 34 的超载电接点 K_G、断载电接点 K_D、液位传感器结点 W_Y 和温度传感器结点 W_E 组成。

图 4-3 中电路 61 为声光报警回路，它由扬声器 BJ、旋转灯 D、继电器 J_3、继电器 J_2 的触点 J_{2-3} 及停报按钮 TB 组成。

4.4 第四代液压抽油机抽油全过程运行机理

4.4.1 启动回路

由图 4-3 可见，合上电源的空气开关 K 后，按下电路 53 中的启动按钮 Q，则因接触器 KM 被接通，使电机电路中的触点 KM 闭合。于是电机被启动。由于电路 54 中的触点 KM_2 闭合，时间继电器 SJ_1 被接通，因此电路 55 中的触点 SJ_{1-1} 经过几秒钟后闭合。由于 XH 为电磁溢流阀 23 中的电磁卸荷阀（断电卸荷），故在 SJ_{1-1} 延时闭合前系统压力为零，这使电机有充分的启动时间。当 SJ_{1-1} 闭合后系统压力达到规定值，从而完成启动工作。电路 53 中的触点 KM_1 起自锁作用，当按下 Q 后电路接通时 KM_1 便接通，当松手 Q 断开后，线路仍然闭合。

4.4.2 换向回路

由图 4-3 中电路 56 可知，当电路断开时换向阀 18 使图 4-2 中油缸腔 47 通高压，使驴头达到最高点，挡块 E 与接近开关 G_2 接通，于是图 4-3 中电路 56 接通，从而继电器 J_1 接通。因此触点 J_{1-1} 闭合。这时换向阀 18 通电，高压油改流向油缸腔 48，油缸杆开始上行，即驴头下行。当挡块 E 接近接近开关 G_1 时，电路 58 通，继电器 J_4 通，其触点 J_{4-1} 断，电路 56 断。于是换向阀 18 的电磁铁回路又将断电，高压油又将通向油腔 47，使油缸杆下行，完成换向动作。

4.4.3 平衡回路

当驴头由上向下运动时，由于抽油杆及驴头等的重量常达数吨（称此为悬点最小载荷，用 F_{min} 表示），因此驴头将以自重带动油缸杆向上运动，油缸活塞腔 48 将形成零压和负压，此时抽油机将失去控制。当驴头由下向上运动时，液压力除克服驴头、抽油杆的重量外，还要克服抽油力（总称为悬点最大载荷，用 F_{max} 表示），因此，油缸要产生相当高的油压才能推动驴头向上运动。这便是不平衡的状态，所以机械式抽油机要用数吨重的配重块来解决平衡问题，对于本书所述的第四代液压抽油机，则是靠蓄能器 20、复合油缸上腔 13A 来解决平衡问题。当驴头向下运动时，蓄能器 20 中的高压油将在油缸上腔 13A 中对活塞产生一个向下的液压力 F_x。通常 $F_x > 5F_{min}$，因此在没有高压油进入腔 48 前驴头不会运动。假设进入腔 48 的油源压力为 F_L，则 F_L 必须满足下式，驴头才能正常运动

$$F_L \geqslant F_x - 5F_{min} \tag{4-5}$$

由于 F_x 是油缸位移的函数，故 F_L 也是油缸位移的函数。当驴头下到下死点时，油缸上腔 13A 中的液体被推入蓄能器 20 中，从而将驴头重力所做的功存储在蓄能器 20 之中。

当驴头由下向上运动时，蓄能器 20 中的高压液体将通过油缸上腔 13A 中的活塞产生一个向下的力 F_x，但 $F_x < 5F_{max}$，因此在没有高压油进入油缸中下腔 47 之前驴头是不会向上运动的。只有进入腔 47 的负载压力 F_L 满足下式，驴头才会向上运动

$$F_L \geqslant 5F_{max} - F_x \tag{4-6}$$

令式（4-5）、式（4-6）相等，可得出

$$F_x = 2(F_{max} + F_{min}) = F_{x0} \tag{4-7}$$

式中，F_{x0} 是驴头行至冲程一半多一些时蓄能器产生的液压力。

显然，若蓄能器的充液压力能满足式（4-7），即可认为起到了平衡作用。这里驴头下行时所做之功完全被保留下来，并将其用在驴头上行时做功。具体的平衡理论和方法将在下一节中介绍。

4.4.4 过载与断载保护回路

抽油机最怕出现过载与断载故障。所谓过载，即悬点最大载荷超过允许值。如果出现此种故障，抽油机不能识别，并还继续运动，必然造成断杆或损坏其他

部件。所谓断载，指抽油杆断裂或脱开，出现此种故障需要立即停机处理。但过去的老式抽油机并无此功能。本书所述的第四代液压抽油机，可以解决这两个问题。图 4-2 中压力表 34 带有高低压两个电接点 K_G 与 K_D，其中 K_G 感受过载；K_D 感受断载。当过载时，负载压力 p_L 必然超过原规定的最高值。因此图 4-3 中电路 60 的触点 K_G 闭合。由电路 60 看出，当 K_G 闭合时电路 60 接通，继电器 J_2 被接通，因而电路 53 中常闭触点 J_{2-1} 断开，则电路 53 被切断，故电机停转。同时因电路 54 被断开，电路 55 中的 SJ_{1-1} 触点亦随之断开，于是溢流阀 23 立即卸荷，以保护油泵。与此同时电路 60 中的触点 J_{2-3} 闭合，开始声光报警。此外，由于触点 J_{2-2} 闭合，即便由于停机、卸载使 K_G 断开，报警仍然不停，直到操纵人员到来并按下停报按钮 TB 时为止。

断载保护回路比较复杂，因为当断载发生时，驴头必然处在上行时段，由于断载驴头上的抽油载荷或模拟抽油载荷基本消失，故此时在蓄能器 20 产生的巨大压力下油缸带动驴头快速上行。由于蓄能器在油缸上腔产生的液压力远大于驴头此时的负载力，因此油源的液压力为零或基本为零。此时压力表 45 的低压电接点 K_D 接通，同时 SJ_{1-2} 处于闭合状态，于是保护回路开始启动，其过程与超载保护回路相同。

另外，在正常运行中会出现多种非断载引起的低压信号，断载保护回路应能识别并加以排除。例如电机启动时要延迟 5s 油泵才升压，延时继电器 SJ_1 在回路 60 中的触点 SJ_{1-2} 也必须 5s 后才闭合；另外，驴头在换向瞬时有时也出现低压，为排除此干扰在回路 60 中加一个延时触点 SJ_{4-1}，当 K_D 和 SJ_{1-2} 都闭合后，回路 60 也必须等 1s 才能闭合。

当人们消除故障后，按下停报按钮 TB 即可切断电路 60，从而停止报警。但同时也接通继电器 J_3，使电路 60 中的触点 J_{3-2} 断开，因而 J_{2-1} 闭合使电机重新启动；同时电路 60 因触点 J_{3-2} 断开而切断，于是继电器 J_2、时间继电器 SJ_4 同时断电，因而 J_{2-2}、SJ_{4-1} 和 J_{2-3} 三个触点断开，于是系统恢复到正常工作状态。

4.4.5　补油回路

当驴头换向时，为了运动平稳需要减速和停顿瞬间。另外，为了提高井下抽油泵的充满系数，也需要驴头在下死点停顿瞬间，而为了减少抽油杆断杆和脱开的次数，当驴头在上死点时也需要停顿瞬间，以使井下的抽油泵有卸载时间。这一切对于老式抽油机是不可想象的。对于本书所述的第四代液压抽油机却可通过电液换向阀 18 中的三个小旋钮来实现。然而这种换向停顿的办法却浪费了能量，因为在停顿时间内，高压油将被溢流阀 23 排回油箱。为解决此问题，本书所述的第四代液压抽油机采用了一种所谓补油回路，见图 4-2 中的回路 50。应该说明，补油回路 50 还可同时实现驴头上行快、下行慢的特殊运动规律，以进一步提高井下抽油泵的充满系数。图 4-2 中的补油回路 50 包括蓄能器 17、单向阀 27、调速阀 22、二位二通电磁换向阀 15、溢流阀 16 和压力表 28。显然，蓄能器 17 只有经过油路 21 与高压油相通。而溢流阀 16 的开闭由油源压力 p_L 来控制。若将其开启压力 p_b 调到稍大于 p_L 的最大值 p_{Lmax}，并令溢流阀 23 的开启压力远大于 p_b。则只有在驴头因换向而停顿的瞬间，负载压力 p_L 才会大于 p_b，因而溢流阀 16 开启，蓄能器 17 开始充液。当换向结束后的瞬间，负载压力 p_L 变低。因此蓄能器 17 存储的高压油将经单向阀 27、调速阀 22，进入二位二通电磁换向阀 15 的入口。电磁换向阀 15 的线圈与换向阀 18 的线圈并联。当阀 18 的线圈断电时，换向阀 18 将高压油接入油缸 13 的中下腔 47，因此油缸杆下行，驴头上行。与此同时换向阀 15 在断电情况下进出口相通，即蓄能器 21 中的高压油在大约 1s 内流向油缸的腔 47，使驴头上行加快。如果通电，则换向阀 15 关闭进出口通道。因此蓄能器 17 的高压油将不能放出，以备下半周期使用。如果油源总流量为 180L/min，而上下两死点的停顿时间共为 0.5s，则在一个周期内蓄能器存入的高压油大约为 1.5L。若在驴头上行时，在 1s 内放出，则有 90L/min 的流量，因此是非常可观的数值。图 4-2 中 22 为串联压力补偿的调速阀，通过此阀可使放出来的补油流量为恒值以使驴头上行时既快又匀速，否则由于负载压力 p_L 及蓄能器 17 中压力 p_x 变化导致驴头上行速度不均匀。

4.4.6 刹车回路

当抽油机出现过载、断载或其他紧急情况时，要求驴头立即停在出事位置。为此本书所述第四代液压抽油机采用三位四通电液换向阀，断电时停在中位，使腔 47、腔 48 油均憋死，不进不出。从而达到刹车的目的。

4.4.7 消振回路

油田对于稠油井或聚注井，当驴头由上死点向下运动的瞬间井下泵的下腔未必全部充满，因此驴头的悬点载荷并不等于最小值 F_m，而是仍为最大值 F_M，此力作用在油缸活塞上的值远大于蓄能器中高压油作用在油缸活塞上的反力。因此驴头下行，导致油缸活塞上行，迫使其上腔 13A 中的液压油的多余部分流回蓄能器。但这仅是一段微小的移动，井下泵的活塞很快与其下腔的油液相接触，因此上阀门打开，驴头卸荷，此时悬点载荷恢复到最小值 F_m，因此蓄能器中高压油作用在油缸上活塞上的反力又大于 F_m 产生的作用力，因此驴头又会向上作微小运动，这就使驴头出现了一次摆动。此后驴头才会进入正常的下行运动。为消除此摆动，特在图 4-2 中设置一个由阀 33、19 组成的消振回路。其原理是驴头在正常运动中二位二通换向阀 19 开启，它与节流阀 33 一起通过系统总回油。当驴头从上死点向下运动的瞬间换向阀 19 关闭（断电），这样整个系统只能通过节流阀 33 回油，因此油缸中下腔 47 产生一个很大的背压，用此抵消驴头瞬时产生的最大悬点载荷 F_M。使驴头平稳地向下运动，因而不再出现摆动。当通过此段振动区后二位二通换向阀 19 又因通电而开启，于是系统又进入正常工作。由于这段行程很短，需时也只在 1s 以内，故二位二通换向阀的瞬间关闭，功率的附加消耗可以忽略。二位二通换向阀 19 的电路即图 4-3 中的回路 57。在驴头上行时由于继电器 J_1 断电，触点 J_{1-3} 闭合，回路 57 通电，阀 19 开启；当驴头到上死点后并开始下行时，由于接近开关 G_2 闭合导致回路 56 闭合（参见换向回路部分），因而回路 57 中触点 J_{1-3} 断开，阀 19 断电，其油路关闭。与此同时，回路 56 闭合导致时间继电器 SJ_3 通电，因此其触点 SJ_{3-1} 应该闭合，但不立即闭合而是延迟一段 Δt 时间，这正是消除驴头振动的那段时间。Δt 可以调节，过长会浪费能量，过短仍会出现部分摆动。若取消消振回路可将电路 57 中开关 KM 合上，使阀 19 线圈通电。

4.4.8　液位控制与油温控制回路

第四代液压抽油机工作在无人看管的野外，一旦因管路破裂而漏油便可能将油箱中的大部分油损失掉，不仅造成巨大浪费，还会因无油而烧坏油泵。因此在油箱中加装液位控制器是十分必要的，液位一旦低于设定油面，电路便被接通，启动了自动停机报警程序。图 4-3 中回路 60 的开关 W_Y 便是液位传感器。当它闭合后由于继电器 J_2 通电而使电机回路 53 中的 J_{2-1} 触点断开，因此电机停转，由于 J_2 接通，触点 J_{2-3} 闭合，开始了声光报警。

同理油温控制的控制原理也与液位控制原理相同。一旦因故油温高于预设值时，图 4-3 中回路 60 的温度传感器开关 W_E 便闭合，于是又启动了自动停机报警程序。

4.4.9　电机热保护回路

当油泵出现故障或油路过载时，电机负荷加大，温度升高。因而图 4-3 中的热负荷继电器 RJ 接通，迫使其触点 RJ_1 断开，因此系统停机并刹车。

4.4.10　蓄能器补油回路

蓄能器工作时间很长时也会沿活塞周边微微漏油，因此需及时补油。图 4-2 可看出二位二通换向阀 14 与油源相通，中间接有单向阀 44。而出口与蓄能器相接，两个单向阀 46、44 是防止反流。当蓄能器 20 油压低于规定的最小值时，压力表 24 的电接点 K_{35} 接通，则图 4-3 中电路 59 便被接通，于是换向阀 14 导通。当最小油压回复到规定值时，K_{35} 断开，于是停止供油。

4.5 第四代液压抽油机几个关键技术

4.5.1 关于10年寿命的论证

（1）油缸的寿命。

液压系统能够连续不停地工作10年，或者说10年寿命，几乎是不可能的，尤其在油田中工作的抽油机。但我们研制的第四代液压抽油机，却可以做到。下面将详细介绍此研究结果。

液压系统中主要部件有三类，即油缸、阀类和蓄能器。我们利用一台第二代无梁式液压抽油机，使用冲程 $S = 3m$，冲次 $n = 6$ 次/min，最大悬点载荷 $F_{max} = 100kN$，在大庆油田二厂做一次试验，结果一年油缸密封圈便开始漏油。换一次密封圈，又工作一年。密封圈的寿命与其行程及往返次数有关。一年走过的路程可以算出：

1min 走过路程： $2 \times 3m \times 6$ 次 / min $= 36m$

则一年走过的路程为

$$36m \times 60 \times 24 \times \frac{365}{1000} = 18921.6km$$

故第二代液压抽油机的寿命路程为 18921.6km。

第四代液压抽油机油缸的行程 $S_r = \frac{1}{5}S$，第四代液压抽油机的冲程 9.5m，冲次 1.895 次/min，则每分钟的路程为： $2 \times 9.5 \times 1.895 = 36m$。

可见第四代液压抽油机的运行速度与上述第二代液压轴油机相同，即一年的抽油量相同。但折算到第四代液压抽油机的液压系统上，由于 $S_r = \frac{1}{5}S$，故前驴头走过一年的路程，油缸活塞仅走过其寿命路程的 1/5，即需要5年才达到密封圈的寿命，再换一次密封圈，其寿命正好 10 年。

这就是第四代液压抽油机的寿命能达到10年的依据之一。

另外，第二代液压抽油机的冲次为 6 次/min，而第四代液压抽油机为 1.895 次/min，两者之比为 3.17，即前者往返次数是后者的 3 倍，因此后者的寿命还会远大于 10 年。

（2）液压阀的寿命。

各种阀类的寿命一般为运功次数的 10^7，第四代液压抽油机 10 年间共往返次数为

$$10 \times 365 \times 24 \times 60 \times 1.895 \text{ 次} = 9960120 < 1 \times 10^7$$

因此其寿命是足够的。

（3）蓄能器的寿命。

所谓蓄能器实际上就是一个封闭的钢筒，里面有一个橡胶皮囊，囊中通气，囊与钢筒之间通油。皮囊的寿命取决于油压变换次数和承压大小。试验表明一年内基本无破裂。对于第四代液压抽油机的次数前已证明仅有无梁式机的1/3，因此不会有问题。另外若换也只换一个皮囊，属于正常易损件，无碍大局。

由此可见第四代液压抽油机的寿命是有科学依据的。

4.5.2　长冲程的结构

现在人们都倾向于长冲程机，因为长冲程可提高井下泵的填充系数，从而提高井下效率，另外由于长冲程动作平缓，可增长整机寿命。但老式机因受扭矩等限制，最长也只有 6m。第四代液压抽油机却可达到 10m，这在国际上是少见的。如果驴头的旋转角选为 95.49°，则冲程 $S=10m$，若选驴头旋转角为 90°，则 $S=9.42m$。这是非常简单的问题。

4.5.3　关于冷却的研究

液压抽油机的最大困难是冷却问题，因液压系统都需要有水冷却设备，特别是大功率机，然而油田无水；所以美国和瑞士采用干冰冷却，其他大多数则用鼓风机冷却。两者的共同点在于：第一，没有从根本上消除热源，能量已经耗损，冷却设备又再次消耗能源，造成能源的双倍损失。第二，冷却设备本身的成本、体积和噪声都是制造厂和用户的额外负担。因此液压抽油机虽早已引起多方注意，国际上已有专利 4 万份之多，但至今尚无大批量生产应用。

第四代液压抽油机在设计上采用以下三种手段，从根本上解决了热源问题，使系统发热量大幅度减少，因而不需要冷却设备：

（1）利用作者导出的液压系统优化理论，以发热量最小为目标函数进行系统的优化设计。

（2）基于作者几十年液压设计的经验，跳出一般设计者难以逾越的条条框框，系统中采用的液压元件比常见系统大为减少。液压系统中阀类元件是能量耗损和发热的主要原因，本机系统中阀类元件大幅减少，自然会使系统的发热大幅度减少。

（3）独特的优化的管路走向及配置。

采用上述设计的样机在大庆连续工作两年以上，在夏季温度高达 40℃，而在冬季低达 -40℃ 的环境里，在无加温和冷却设备的情况下，油温一直保持在60℃ 以下。

4.5.4 极高的上下行程平衡度

"平衡"是抽油机的重要指标，它直接影响整机的效率和寿命，由于液压抽油机有诸多非线性因素，因此优化起来十分困难，这里使用了我本人提出的D.I.C.技术，即双输入耦合控制理论。按此可将平衡所需的公式统构成一个群，并通过两种坐标的变换构成一个12元的方程组，然后将其化成数字式的普通人都可解的表格形式，借助蓄能器的出口压力就可随时调整平衡，使其达到最佳。

4.6 推演第四代液压抽油机全局优化公式

第四代液压抽油机的框架结构见图4-4，今设 S =冲程，S_1 =油缸行程；R =前驴头半径；r =后驴头半径；β =游梁摆角，β_M 为其最大值，其零点在游梁的水平点；α 是前驴头第二个坐标系的摆角，其零点在前驴头的上死点，此值在以后的计算中会用到。

则

$$\beta = \frac{180S}{\pi R} \tag{4-8}$$

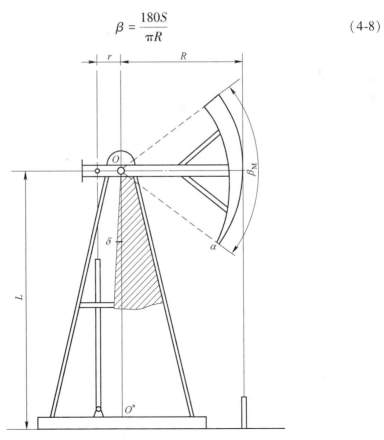

图4-4 第四代液压抽油机构架图

若 $S = 9.5\text{m}$，$R = 6\text{m}$，则

$$\beta_M = \frac{180S}{6\pi} = \frac{180 \times 9.5}{6\pi} = 90°$$

今令游梁对支架支点的前后半径之比 ε 为 5，
即

$$\frac{R}{r} = \varepsilon = 5 \tag{4-9}$$

显然，图 4-4 中驴头下脚 α 会进入支架之中，图 4-5 为第四代液压抽油机下死点工作图设 p_M 为最大悬点载荷 F_M 在油缸上腔对应的压力，p_m 为最小悬点载荷 F_m 在上腔对应的压力，A_1 为油缸上腔有效面积，A_L 为中间两腔活塞的有效面积，A 为油缸有效面积，r_0 为油缸杆半径，R_0 为油缸内半径，r_z 为中间腔杆半径，S_1 为油缸最大行程，如图 4-5 所示，则式（4-10）成立

$$S_1 = \pi r \beta_M / 180 \tag{4-10}$$

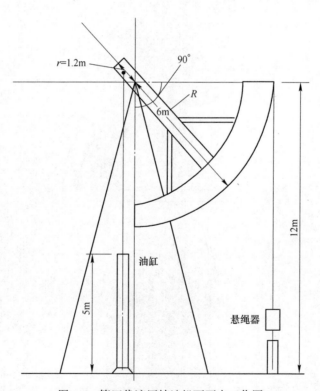

图 4-5　第四代液压抽油机下死点工作图

这是后驴头端点扫过的长度，或者称后驴头的理论冲程。

$$F = A_1 p$$

$$\mu = F_{\mathrm{m}}/F_{\mathrm{M}} = p_{\mathrm{m}}/p_{\mathrm{M}}$$
$$\gamma = A_{\mathrm{L}}/A_1$$

则下列公式成立

油缸下行（即驴头上行）时

$$F + F_{\mathrm{L}} = F_{\mathrm{M}} \tag{4-11}$$

油缸上行（即驴头下行）时

$$F - F_{\mathrm{L}} = F_{\mathrm{m}} \tag{4-12}$$

今设

$$\begin{cases} F_{\mathrm{M}} = A_1 p_{\mathrm{M}} \\ F_{\mathrm{m}} = A_1 p_{\mathrm{m}} \\ F_{\mathrm{L}} = A_{\mathrm{L}} p_{\mathrm{L}} \end{cases} \tag{4-13}$$

由式（4-8）、式（4-9）两式可得

$$\begin{cases} p + \gamma p_{\mathrm{L}} = p_{\mathrm{M}} \\ p - \gamma p_{\mathrm{L}} = \mu p_{\mathrm{M}} \end{cases} \tag{4-14}$$

因 p 为蓄能器压力，为变化值，今设其最大值为 p_2，最小值为 p_1，故式（4-14）第一式可写成

$$\begin{cases} p_2 + \gamma p_{\mathrm{Lmin}} = p_{\mathrm{M}} \\ p_1 + \gamma P_{\mathrm{Lmax}} = p_{\mathrm{M}} \end{cases} \tag{4-15}$$

式（4-15）相加

$$p_{\mathrm{CP}} + \gamma p_{\mathrm{L01}} = p_{\mathrm{M}} \tag{4-16}$$

式中

$$p_{\mathrm{CP}} = (p_1 + p_2)/2 \tag{4-17}$$

$$p_{\mathrm{L01}} = \frac{p_{\mathrm{Lmin1}} + p_{\mathrm{Lmax1}}}{2} \tag{4-18}$$

式中，p_{Lmin1} 及 p_{Lmax1} 分别为驴头上行时负载压力的最小值和最大值。同理式（4-14）的第二式可写成

$$p_{\mathrm{CP}} - \gamma p_{\mathrm{L02}} = \mu p_{\mathrm{M}} \tag{4-19}$$

式中

$$p_{\mathrm{L02}} = (p_{\mathrm{Lmin2}} + p_{\mathrm{Lmax2}})/2 \tag{4-20}$$

驴头下行时负载力最小值及最大值分别为 p_{Lmin2} 及 p_{Lmax2}。为做到抽油机上下运动平衡，下式应成立：

$$\begin{cases} p_{\mathrm{Lmax1}} = p_{\mathrm{Lmax2}} = p_{\mathrm{Lmax}} \\ p_{\mathrm{Lmin1}} = p_{\mathrm{Lmin2}} = p_{\mathrm{Lmin}} \\ p_{\mathrm{L01}} = p_{\mathrm{L02}} = p_{\mathrm{L0}} \end{cases} \tag{4-21}$$

$$\begin{cases} p_{CP} + \gamma p_{L0} = p_M \\ p_{CP} - \gamma p_{L0} = \mu p_M \end{cases} \tag{4-22}$$

式（4-22）两式联立可得

$$\begin{cases} p_{CP} = (1 + \mu)p_M/2 \\ p_{L0} = (1 - \mu)p_M/2\gamma \end{cases} \tag{4-23}$$

图 4-6 为连接方式的示意图，今设 r 为后游梁半径，游梁转角为 β，F_L 为油缸给出的负载力，F_0 为所需之力，$r_2 = r - \Delta r_2$，则

$$F_L = F_0/\cos\beta$$

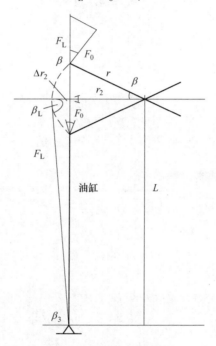

图 4-6　连接方式示意图

β_3 利用下面公式可算出：

$$r_2 = r\cos\beta$$
$$\Delta r_2 = r - r_2$$

当 $r = 1.2\text{m}$，$\beta_M = 95.5°$，$L = 12\text{m}$ 时

$$r_2 = 1.2\cos47.75° = 0.8068\text{m}$$
$$\Delta r_2 = 1.2 - 0.807 = 0.393\text{m}$$
$$\beta_3 = \arctan 0.393/12 = 1.88°$$

故

$$F_L = F_0/\cos1.88° = 1.00054F_0$$

应该说明此是 β_1 为最大值的位置，因此在全程中都可将 F_L 看成是垂直于水平轴，即 β_L 近似 90°，故负载力 F_L 可用式（4-24）计算。

$$F_L = F_0/\cos\beta \tag{4-24}$$

4.7 六种型号第四代液压抽油机的设计

4.7.1 I 型液压抽油机的设计

已知 $F_{MC} = 0.1MN$，$F_{mc} = 0.03MN$，$n = 1.8$ 次/min，$S = 10m$，$R = 6m$，$r = 1.2m$，$\beta_M = 180° \times 9.5/6\pi = 90°$。

前已算过硬连接在各点上的负载力及计算公式，表 4-1 即是行程 $S = 9.5m$，最大悬点载荷 $F_M = 100kN$，游梁前半径 $R = 6m$，前后半径之比为 5 时的计算结果，$F_0 = 500kN$，冲次 1.8 次/min 游梁支点高度 $L = 12m$ 时各点的负载力值 F_L。

表 4-1 各点的负载力相对值

$\beta/(°)$	-45	-40	-30	-20	-10	0.0	10	20	30	40	45
$\dfrac{F_L}{F_0}$	1.414	1.305	1.155	1.064	1.015	1.00	1.015	1.064	1.155	1.305	1.414

今取其力平均值为 $1.173 \times 0.5MN = 0.5865MN$，油缸行程 $S_1 = 1.2\pi \times 90°/180° = 1.885m$，上升时段做功为 $0.5866 \times 1.885 = 1.106MN \cdot m$，标准后驴头的理论行程为 2m，负载力为 0.5MN，故上升时段所需的功为 $0.5 \times 2 = 1MN \cdot m$，显然相等。

4.7.1.1 平衡系统设计

现设 $p_{CP} = 15MPa$，则由式（4-23）得

$$15 = (1+0.3)p_M/2，\quad p_M = 23.077MPa$$

由式（4-13）得出

$$A_1 = F_M/p_M = 0.5865/23.077 = 254.2 \times 10^{-4}m^2$$

取活塞杆半径 $r_0 = 5.0 \times 10^{-2}$ m，则

$$A = 254.2 \times 10^{-4} + \pi 5.0^2 \times 10^{-4} = 332.74 \times 10^{-4}m^2$$

$$R_0 = \sqrt{332.74/\pi} \times 10^{-2} = 10.29 \times 10^{-2}m，\quad D_0 = 20.58 \times 10^{-2}m，\quad 今取$$

$$D_0 = 210mm$$

则

$$R_0 = 10.5 \times 10^{-2}m$$

$$A = \pi R_0^2 = \pi 10.5^2 \times 10^{-4} = 346.4 \times 10^{-4} \mathrm{m}^2$$

$$A_1 = 346.4 \times 10^{-4} - \pi r_0^2 = (346.4 - \pi 5^2) \times 10^{-4} = 267.9 \times 10^{-4} \mathrm{m}^2$$

由式（4-13），真实的

$$p_M = F_M / A_1 = 0.5865 / 267.9 \times 10^{-4} = 21.9 \mathrm{MPa}$$

$$\Delta V = A_1 S_1 \times 10^3 = 267.9 \times 10^{-4} \times 1.885 \times 10^3 = 50.5 \mathrm{L}$$

$$K = \frac{1}{0.9}\left(0.9^{0.715} - \frac{50.5}{300}\right)^{\frac{1}{0.715}} = 0.756$$

此时由式（4-23）算出 $p_{CP} = 1.3 \times 21.9 / 2 = 14.24 \mathrm{MPa}$

因　　　　　　　$\dfrac{p_1 + p_2}{2} = p_{CP} = 14.24$ ，$p_1 = Kp_2$

故　　　　$p_2 = 2p_{CP}/(1 + K) = 2 \times 14.24/1.756 = 16.22 \mathrm{MPa}$

$$p_1 = Kp_2 = 0.756 \times 16.22 = 12.26 \mathrm{MPa}$$

蓄能器充气压力 $p_0 = 0.9 \times p_1 = 11 \mathrm{MPa}$。

4.7.1.2　动力系统设计

当驴头上行至终点时，其负载力为 $F_{LS} = 0.5 \times 1.414 = 0.707 \mathrm{MN}$ ，蓄能器之力 $F_{PS} = A_1 p_1 = 267.9 \times 10^{-4} \times 12.26 = 0.3284 \mathrm{MN}$ ，故所需之操纵力为 $F_C = F_{LS} - F_{PS} = 0.707 - 0.3284 = 0.3786 \mathrm{MN}$ ，今假设系统的最大负载力 $p_L = 22 \mathrm{MPa}$ ，则

$$A_L = \frac{F_{LS} - F_{PS}}{P_L} = \frac{0.3786}{22} = 172.1 \times 10^{-4} \mathrm{m}^2$$

求中间油缸杆直径 D_Z

$$A - A_L = \pi r_z^2$$

$$r_z = \sqrt{\frac{346.4 - 172.1}{\pi} \times 10^{-4}} = 7.45 \times 10^{-2} \mathrm{m}$$

$$d_z = 14.9 \times 10^{-2} \mathrm{m}$$

试取　　　　$d_z = 15 \times 10^{-2} \mathrm{m}$ ，$r_z = 7.5 \times 10^{-2} \mathrm{m}$ ，则 A_L 最终为

$$A_L = A - \pi 7.5^2 = 346.4 - \pi 7.5^2 = 169.7 \times 10^{-4} \mathrm{m}^2$$

则 $\gamma = \dfrac{A_L}{A_1} = \dfrac{169.7}{267.9} = 0.633$，故由式（4-23）和式（4-15）可得出

$$p_{Lmin} = (p_M - p_2)/\gamma = (21.89 - 16.22)/0.633 = 8.96 \mathrm{MPa}$$

$$p_{Lmax} = (p_M - p_1)/\gamma = (21.89 - 12.26)/0.633 = 15.21 \mathrm{MPa}$$

至此　　　　$p_{L0} = (8.96 + 15.21)/2 = 12.1 \mathrm{MPa}$

最大流量

$$Q_M = 2A_L S_1 n \times 10^3 = 2 \times 169.7 \times 10^{-4} \times 1.885 \times 1.8 \times 10^3 = 115.2 \text{L/min}$$

电机功率

$$N = p_{L0} Q_M / 60 \times 0.92 \times 0.85 \times 0.90 = 12.1 \times 115.2 / 42.228 = 33 \text{kW}$$

电机可选 Y225M-4W。

此时最大负载压力 $p_L = \dfrac{F_C}{A_L} = \dfrac{0.3786}{169.7} = 22.31 \text{MPa}$。

4.7.1.3 计算负载压力曲线

（1）驴头上行段。

上行负载压力表见表 4-2。

表 4-2 上行负载压力表

$\alpha/(°)$	0	5	15	25	35	45	55	65	75	85	90
$\beta/(°)$	45	40	30	20	10	0	−10	−20	−30	−40	−45
S_1/m	0	0.105	0.314	0.524	0.733	0.94	1.15	1.36	1.57	1.78	1.885
$\Delta V/\text{L}$	0	2.89	8.65	14.04	20.19	25.9	31.68	37.47	43.26	49.04	51.9
K	1.0	0.986	0.957	0.928	0.9	0.872	0.844	0.817	0.789	0.762	0.749
F_{PS}/MN	0.435	0.428	0.416	0.403	0.391	0.379	0.367	0.355	0.343	0.331	0.325
F_{MS}/MN	0.707	0.653	0.577	0.532	0.5077	0.50	0.5077	0.532	0.577	0.653	0.707
p_{LS}/MPa	16.03	13.26	9.49	7.60	6.82	7.13	8.29	10.43	13.79	18.97	22.51

由下列诸式可算出上行液压负载力曲线

$$S_1 = 1.2\pi\alpha/180° = 0.020944\alpha$$

$$\Delta V = A_1 S_1 = 267.9 \, S_1 \times 10^3$$

$$F_{PS} = A_1 p_1 = 267.9 \times 10^{-4} \times p_2 K = 0.4345K, \quad p_2 = 16.22\text{MPa}$$

$$F_{MS} = 0.5/\cos\beta$$

$$p_{LS} = (F_{MS} - F_{PS})/A_L = (F_{MS} - F_{PS})/169.7 \times 10^{-4}$$

（2）驴头下行段。

由下列诸式可算出下行液压负载力，其中

$$F_{\alpha m} = F_m/\cos\beta = 5 \times 0.03/\cos\beta = 0.15/\cos\beta$$

$$F_{LX} = F_{PS} - F_{\alpha m} = F_{PS} - 5F_{mc}/\cos\beta$$

$$p_{LX} = (F_{PS} - F_{\alpha m})/A_L$$

下行负载压力表见表 4-3。

表 4-3 下行负载压力表

α /(°)	0	7.75	17.75	27.75	37.75	47.75	57.75	67.75	77.75	87.75	90
β /(°)	45	40	30	20	10	0	−10	−20	−30	−40	−45
F_{PS} /MN	0.4345	0.428	0.416	0.403	0.391	0.379	0.367	0.355	0.343	0.331	0.325
$F_{\alpha m}$ /MN	0.212	0.196	0.173	0.160	0.152	0.15	0.152	0.160	0.173	0.196	0.212
p_{LX} /MPa	13.3	13.61	14.26	14.32	14.03	13.44	12.65	11.49	10.02	7.97	6.66

负载压力曲线见图 4-7。

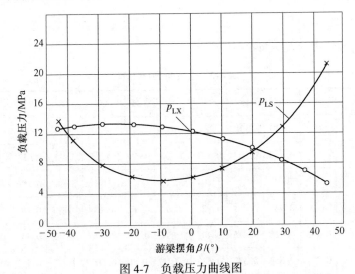

图 4-7 负载压力曲线图

4.7.1.4 系统地面效率测量

系统地面效率的测试通常有两种方法，一是利用示功图，一般老式游梁式多用此法；我们可以用电子式显示板显示出 P_L-P 示功图，然后通过电脑直接算出地面效率。设计时可用简易数字积分法算出，即将各点负载力加在一起，取平均值再乘以速度即可得结果。

4.7.1.5 平衡度计算

可将上行和下行各点之液压力 p_L 分别求和，然后将上下之合力相除即是。例如本机之下合力为 131.75MPa、上合力为 134.32MPa，则其平衡度为

$$131.75/134.32 = 98.1\%$$

如此可见本优化设计是准确可靠的。

4.7.1.6　电机功率精算

按前面优化设计已算出电机功率，但由于各种非线性因素影响还可能有误差，因此可通过逐点计算负载力来精确求出所需功率。

今取表4-2和表4-3各负载力 p_{LS} 和 p_{LX} 之和并除以22，将此值代入前面的求功率 N 之式中。按此算出 $p_{L0} = 12.094\text{MPa}$，与前相同。

4.7.2　Ⅱ型液压抽油机的设计

已知 $F_{MC} = 0.12\text{MN}$，$F_{mc} = 0.036\text{MN}$，$n = 1.8$ 次/min，$S = 9.425\text{m}$，$R = 6\text{m}$，$r = 1.2\text{m}$，

$$S_1 = 1.2\pi \times 90°/180° = 1.885\text{m}$$

$$\beta_M = 90°$$

前已算过在各点上的负载力及计算公式

$$F_L = F_0/\cos\beta \tag{4-24}$$

表4-4即是冲程 $S = 9.425\text{m}$，最大悬点载荷 $F_M = 120\text{klN}$，游梁前半径 $R = 6\text{m}$，前后半径之比为5时的计算结果，$F_0 = 600\text{kN}$，游梁支点高度 $L = 12\text{m}$ 时各点的负载力值 F_L。

表4-4　各点负载力相对值

$\beta/(°)$	-45	-40	-30	-20	-10	0	10	20	30	40	45
$\dfrac{F_L}{F_0}$	1.414	1.305	1.155	1.064	1.015	1.00	1.015	1.064	1.155	1.305	1.414

取其力平均值为 $F_{CP} = 1.173 \times 0.6 = 0.7038\text{MN}$。

4.7.2.1　平衡系统设计

设 $p_{CP} = 15\text{MPa}$，则由式(4-23)得 $15 = (1+0.3)p_M/2$，$p_M = 23.08\text{MPa}$。由式(4-13)得出

$$A_1 = F_{CP}/p_M = 0.7038/23.08 = 305 \times 10^{-4}\text{m}^2$$

取活塞杆半径 $r_0 = 5 \times 10^{-2}\text{m}$，则

$$A = 305 \times 10^{-4} + \pi 5^2 \times 10^{-4} = 383.54 \times 10^{-4}\text{ m}^2$$

$$R_0 = \sqrt{383.54/\pi} \times 10^{-2} = 11.05 \times 10^{-2}\text{m}，D_0 = 22.1 \times 10^{-2}\text{m}，今取$$

$$D_0 = 220\text{mm}$$

则

$$R_0 = 11 \times 10^{-2}\text{m}$$

$$A = \pi R_0^2 = \pi 11^2 \times 10^{-4} = 380 \times 10^{-4}\text{m}^2$$

$$A_1 = 380 \times 10^{-4} - \pi r_0^2 = (415.5 - \pi 5^2) \times 10^{-4} = 301.5 \times 10^{-4}\text{m}^2$$

由式(4-13)，真实的

$$p_M = F_{CP}/A_1 = 0.7038/301.5 \times 10^{-4} = 23.34 \text{MPa}$$

$$\Delta V = A_1 S_1 \times 10^3 = 301.5 \times 10^{-4} \times 1.885 \times 10^3 = 56.83 \text{L}$$

$$K = \frac{1}{0.9} \left(0.9^{0.715} - \frac{56.83}{300}\right)^{\frac{1}{0.715}} = 0.726$$

此时由式（4-23）算出 $p_{CP} = 1.3 \times 23.34/2 = 15.17 \text{MPa}$。

因 $\dfrac{p_1 + p_2}{2} = p_{CP} = 15.17 \text{MPa}$，$p_1 = Kp_2$，故

$$p_2 = 2p_{CP}/(1 + K) = 2 \times 15.17/1.726 = 17.58 \text{MPa}$$

$$p_1 = Kp_2 = 0.726 \times 17.58 = 12.76 \text{MPa}$$

蓄能器充气压力 $p_0 = 0.9 \times p_1 = 11.5 \text{MPa}$。

4.7.2.2　动力系统设计

当驴头上行至终点时，蓄能器在上腔之力

$$F_P = A_1 p_1 = 301.5 \times 10^{-4} \times 12.76 = 0.3847 \text{MN}$$

最大悬点载荷传至上终点之力

$$F_L = 1.414 \times 0.6 = 0.8484 \text{MN}$$

则负载压力最大值

$$F_M = F_L - F_P = 0.8484 - 0.3847 = 0.4637 \text{MN}$$

现假设在上终点之 $p_L = 23 \text{MPa}$，则

$$p_L = F_M/A_L = 0.4637/A_L = 23 \text{MPa}$$

$$A_L = 0.4637/23 = 201.6 \times 10^{-4} \text{m}^2$$

则可算出油缸中间杆半径 r_z

$$A - A_L = \pi r_z^2$$

$$r_z = \sqrt{\frac{380 - 201.6}{\pi}} \times 10^{-2} = 7.54 \times 10^{-2} \text{m}^2$$

今选其直径 $d_z = 150 \text{mm}$，则

$$A_L = A - \pi r_z^2 = 380 - \pi 7.5^2 = 203.29 \times 10^{-4} \text{m}^2$$

至此负载压力最大值为：$p_L = 0.473/201.6 = 23.46 \text{MPa}$

而

$$\gamma = \frac{A_L}{A_1} = \frac{203.29}{301.6} = 0.674$$

由式（4-15）可得出

$$p_{Lmin} = (p_M - p_2)/\gamma = (23.34 - 17.58)/0.674 = 8.55 \text{MPa}$$

$$p_{Lmax} = (p_M - p_1)/\gamma = (23.34 - 12.76)/0.674 = 15.70 \text{MPa}$$

这里

$$p_{L0} = (15.70 + 8.55)/2 = 12.13 \text{MPa}$$

最大流量

$$Q_M = 2A_L S_1 n \times 10^3 = 2 \times 223.29 \times 10^{-4} \times 1.885 \times 1.8 \times 10^3 = 138 \text{L/min}$$

电机功率

$$P = p_{L0}Q_M/(60 \times 0.92 \times 0.85 \times 0.92) = 12.13 \times 138/42.228 = 39.6\text{kW}$$

4.7.2.3 负载压力曲线计算

（1）驴头上行段。

上行负载压力表见表4-5。

表 4-5 上行负载压力表

$\alpha/(°)$	0	5	15	25	35	45	55	65	75	85	90
$\beta/(°)$	45	40	30	20	10	0	−10	−20	−30	−40	−45
S_1/m	0	0.105	0.314	0.524	0.733	0.943	1.152	1.361	1.571	1.78	1.885
$\Delta V/\text{L}$	0	3.17	9.47	15.80	22.11	28.44	34.74	41.05	47.38	53.68	56.85
K	1.0	0.984	0.953	0.921	0.891	0.860	0.830	0.800	0.770	0.741	0.726
F_{PS}/MN	0.5302	0.522	0.505	0.488	0.472	0.456	0.440	0.424	0.408	0.393	0.385
F_{MS}/MN	0.849	0.783	0.693	0.639	0.609	0.60	0.609	0.639	0.693	0.783	0.849
p_{LS}/MPa	15.68	12.84	9.25	7.43	6.74	7.083	8.313	10.58	14.02	19.18	22.82

由下列诸式可算出上行液压负载力曲线

$$S_1 = 1.2\pi\alpha/180° = 0.020944\alpha$$

$$\Delta V = A_1 S_1 = 301.6 S_1 \times 10^3$$

$$F_{PS} = A_1 p_1 = 301.6 \times 10^{-4} \times 17.58K = 0.5302K$$

$$F_{MS} = \frac{0.6}{\cos\beta}$$

$$p_{LS} = (F_{MS} - F_{PS})/A_L = (F_{MS} - F_{PS})/203.29$$

（2）驴头下行段。

由下列诸式可算出下行液压负载力，其中

$$F_{\alpha m} = F_m/\cos\beta = 5 \times 0.036/\cos\beta = 0.18/\cos\beta$$

$$F_{LX} = F_{PS} - F_{\alpha m} = F_{PS} - 0.18/\cos\beta$$

$$p_{LX} = (F_{PS} - F_{\alpha m})/A_L = \left(F_{PS} - \frac{0.18}{\cos\beta}\right)/203.29$$

下行负载压力表见表4-6。

表 4-6 下行负载压力表

$\alpha/(°)$	0	7.75	17.75	27.75	37.75	47.75	57.75	67.75	77.75	87.75	90
$\beta/(°)$	45	40	30	20	10	0	−10	−20	−30	−40	−45
F_{PS}/MN	0.5302	0.522	0.505	0.488	0.472	0.456	0.440	0.424	0.408	0.393	0.385
$F_{\alpha m}/\text{MN}$	0.255	0.235	0.208	0.192	0.183	0.18	0.183	0.192	0.208	0.235	0.255
p_{LX}/MPa	13.54	14.12	14.61	14.56	14.22	13.58	12.79	11.41	9.84	7.77	5.60

负载压力曲线见图4-8。

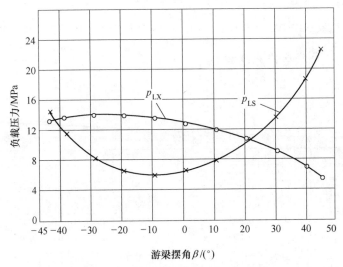

图 4-8　负载压力曲线图

4.7.2.4　平衡度计算

上行力总和为：133.936MPa，下行力总和为：132.04MPa，其平衡度为98.6%。观察原上、下行发现增大 A_1 可增大 F_{PS}，既减小 F_{LS}，也增大 F_{LS}。

4.7.2.5　功率精算

上下各点力之和为 133.936+132.04＝265.976MPa，其平均值为 265.976/22 ＝12.09MPa，原算值为 12.13MPa，两者相当。

4.7.3　Ⅲ型液压抽油机的设计

已知 $F_{MC}=0.14$MN，$F_{mc}=0.042$MN，$n=1.8$ 次/min，$S=9.425$m，$R=6$m，$r=1.2$m，

$$S_1 = 1.2\pi \times 90°/180° = 1.885\text{m}$$

$$\beta_M = 90°$$

前已算过在各点上的负载力及计算公式

$$F_L = F_0/\cos\beta \tag{4-25}$$

表 4-7 即是冲程 $S=9.425$m，最大悬点载荷 $F_M=140$kN，游梁前半径 $R=6$m，前后半径之比为 5 时的计算结果，$F_0=700$kN，游梁支点高度 $L=12$m 时各点的负载力值 F_L。

取其力平均值为 $F_{CP} = 1.173 \times 0.7$MN $= 0.8211$MN。

表 4-7 各点负载力相对值

$\beta/(°)$	-45	-40	-30	-20	-10	0	10	20	30	40	45
$\dfrac{F_L}{F_0}$	1.414	1.305	1.155	1.064	1.015	1.00	1.015	1.064	1.155	1.305	1.414

4.7.3.1 平衡系统设计

设 $p_{CP}=15\text{MPa}$，则由式（4-23）得 $15=(1+0.3)p_M/2$，$p_M=23.077\text{MPa}$。由式（4-13）得出

$$A_1=F_{CP}/p_M=0.8211/23.077=355.8\times10^{-4}\text{m}^2$$

取活塞杆半径 $r_0=5\times10^{-2}\text{m}$，则

$$A=355.8\times10^{-4}+\pi 5^2\times10^{-4}=434.34\times10^{-4}\text{m}^2$$

$$R_0=\sqrt{434.34/\pi}\times10^{-2}=11.76\times10^{-2}\text{m}, \quad D_0=23.5\times10^{-2}\text{m}，今取$$

$$D_0=230\text{mm}$$

则

$$R_0=115\times10^{-2}\text{m}$$

$$A=\pi R_0^2=\pi 11.5^2\times10^{-4}=415.5\times10^{-4}\text{m}^2$$

$$A_1=415.5\times10^{-4}-\pi r_0^2=(415.5-\pi 5^2)\times10^{-4}=336.96\times10^{-4}\text{m}^2$$

由式（4-13），真实的

$$p_M=F_{CP}/A_1=0.8211/336.96\times10^{-4}=24.37\text{MPa}$$

$$\Delta V=A_1 S_1\times10^3=336.96\times10^{-4}\times1.885\times10^3=63.52\text{L}$$

$$K=\frac{1}{0.9}\left(0.9^{0.715}-\frac{63.52}{300}\right)^{\frac{1}{0.715}}=0.696$$

此时由式（4-23）算出 $p_{CP}=1.3\times24.37/2=15.84\text{MPa}$

因 $\dfrac{p_1+p_2}{2}=p_{CP}=15.84\text{MPa}$，$p_1=Kp_2$，故

$$p_2=2p_{CP}/(1+K)=2\times15.84/1.696=18.68\text{MPa}$$

$$p_1=Kp_2=0.696\times18.68=13.00\text{MPa}$$

蓄能器充气压力 $p_0=0.9\times p_1=12\text{MPa}$。

4.7.3.2 动力系统设计

当驴头上行至终点时，为负载力最大值。蓄能器在上腔之力

$$F_P=A_1 p_1=336.96\times10^{-4}\times13.00=0.438\text{MN}$$

最大悬点载荷传至上终点之力

$$F_L=1.414\times0.7=0.99\text{MN}$$

则负载压力最大值 $F_M = F_L - F_P = 0.99 - 0.438 = 0.552MN$

现假设在上终点之 $p_L = 20MPa$，则

$$p_L = F_M/A_L = 0.552/A_L = 20MPa$$

$$A_L = 0.552/20 = 276 \times 10^{-4}m^2$$

则油缸中间杆半径 r_z

$$A - A_L = \pi r_z^2$$

$$r_z = \sqrt{\frac{415.5 - 276}{\pi}} \times 10^{-2} = 6.66 \times 10^{-2}m$$

现选其直径 $d_z = 140mm$，则

$$A_L = A - \pi r_z^2 = 415.5 - \pi 7^2 = 261.56 \times 10^{-4}m^2$$

$$p_L = 0.552/261.56 = 15.27MPa$$

则　　　　　　$$\gamma = \frac{A_L}{A_1} = \frac{261.56}{336.96} = 0.776$$

由式（4-15）可得出

$$p_{Lmin} = (p_M - p_2)/\gamma = (24.37 - 18.68)/0.776 = 7.33MPa$$

$$p_{Lmax} = (p_M - p_1)/\gamma = (24.37 - 13)/0.776 = 14.65MPa$$

这里　　　　　$$p_{L0} = (14.65 + 7.33)/2 = 10.99MPa$$

最大流量

$$Q_M = 2A_L S_1 n \times 10^3 = 2 \times 261.56 \times 10^{-4} \times 1.885 \times 1.8 \times 10^3 = 177.5L/min$$

电机功率

$$N = p_{L0}Q_M/(60 \times 0.92 \times 0.85 \times 0.92) = 11 \times 177.5/42.228 = 46.2kW$$

4.7.3.3　负载压力曲线计算

（1）驴头上行段。

上行负载压力表见表4-8。

表4-8　上行负载压力表

$\alpha/(°)$	0	5	15	25	35	45	55	65	75	85	90
$\beta/(°)$	45	40	30	20	10	0	-10	-20	-30	-40	-45
S_1/m	0	0.105	0.314	0.524	0.733	0.942	1.152	1.361	1.571	1.78	1.885
$\Delta V/L$	0	3.054	10.58	17.64	24.7	31.74	38.82	45.86	52.94	59.98	63.52
K	1.0	0.985	0.947	0.912	0.878	0.844	0.810	0.777	0.744	0.712	0.696
F_{PS}/MN	0.6294	0.62	0.596	0.574	0.553	0.531	0.51	0.489	0.468	0.448	0.438
F_{MS}/MN	0.99	0.914	0.808	0.745	0.711	0.70	0.711	0.745	0.808	0.914	0.99
p_{LS}/MPa	13.79	11.24	8.11	6.54	6.041	6.46	7.68	9.79	13.0	17.82	21.1

由下列诸式可算出上行液压负载力曲线

$$S_1 = 1.2\pi\alpha/180° = 0.02094\alpha$$

$$\Delta V = A_1 S_1 = 336.96 S_1 \times 10^3$$

$$F_{PS} = A_1 p_1 = 336.96 \times 10^{-4} \times p_2 K = 0.6294K$$

$$F_{MS} = \frac{0.7}{\cos\beta}$$

$$p_{LS} = (F_{MS} - F_{PS})/A_L = (F_{MS} - F_{PS})/261.56$$

（2）驴头下行段。

由下列诸式可算出下行液压负载力，其中

$$F_{\alpha m} = F_m/\cos\beta = 5 \times 0.042/\cos\beta = 0.21/\cos\beta$$

$$F_{LX} = F_{PS} - F_{\alpha m} = F_{PS} - 0.21/\cos\beta$$

$$p_{LX} = (F_{PS} - F_{\alpha m})/A_L = \left(F_{PS} - \frac{0.21}{\cos\beta}\right)/261.56$$

下行负载压力表见表4-9。

表 4-9　下行负载压力表

$\alpha/(°)$	0	7.75	17.75	27.75	37.75	47.75	57.75	67.75	77.75	87.75	90
$\beta/(°)$	45	40	30	20	10	0	-10	-20	-30	-40	-45
F_{PS}	0.6294	0.62	0.596	0.574	0.553	0.531	0.51	0.489	0.468	0.448	0.438
$F_{\alpha m}$	0.297	0.274	0.242	0.223	0.213	0.21	0.213	0.223	0.243	0.274	0.297
p_{LX}	12.82	13.23	13.53	13.42	13.0	12.27	11.355	10.17	8.60	6.65	5.39

负载压力曲线见图4-9。

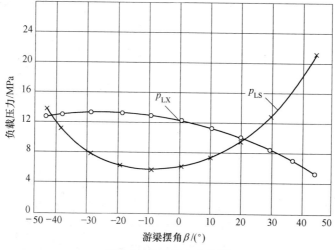

图4-9　负载压力曲线图

4.7.3.4　平衡度计算

上行力总和为：121.571MPa；下行力总和为：120.435MPa，其平衡度为99%。

4.7.3.5　功率精算

上下各点力之和为 121.571+120.435=242.006MPa，其平均值为 242.006÷22=11MPa，即原算值，与前同。

4.7.4　Ⅳ型液压抽油机的设计

已知 $F_{MC}=0.16$MN，$F_{mc}=0.048$MN，$n=1.8$ 次/min，$S=9.425$m，$R=6$m，$r=1.2$m，

$$S_1 = 1.2\pi \times 90°/180° = 1.885\text{m}$$

$$\beta_M = 90°$$

前已算过在各点上的负载力及计算公式

$$F_L = F_0/\cos\beta \tag{4-24}$$

表 4-10 即是冲程 $S=9.425$m，最大悬点载荷 $F_M=160$kN，游梁前半径 $R=6$m，前后半径之比为 5 时的计算结果，$F_0=800$kN，游梁支点高度 $L=12$m 时各点的负载力值 F_L。

表 4-10　各点负载力相对值

$\beta/(°)$	-45	-40	-30	-20	-10	0	10	20	30	40	45
$\dfrac{F_L}{F_0}$	1.414	1.305	1.155	1.064	1.015	1.00	1.015	1.064	1.155	1.305	1.414

取其力平均值为 $F_{CP}=1.173\times0.8$MN$=0.9384$MN。

4.7.4.1　平衡系统设计

设 $p_{CP}=15$MPa，则由式（4-23）得 $15=(1+0.3)p_M/2$，$p_M=23.077$MPa。

由式（4-13）得出

$$A_1 = F_{CP}/p_M = 0.9384/23.077 = 406.6 \times 10^{-4}\text{m}^2$$

取活塞杆半径 $r_0=5\times10^{-2}$m，则

$$A = 406.6 \times 10^{-4} + \pi 5^2 \times 10^{-4} = 485.1 \times 10^{-4}\text{m}^2$$

$$R_0 = \sqrt{485.1/\pi} \times 10^{-2} = 12.43 \times 10^{-2}\text{m}, \quad D_0 = 24.86 \times 10^{-2}\text{m}，今取$$

$$D_0 = 250\text{mm}$$

则

$$R_0 = 12.5 \times 10^{-2}\text{m}$$

$$A = \pi R_0^2 = \pi 12.5^2 \times 10^{-4} = 490.9 \times 10^{-4} \mathrm{m}^2$$

$$A_1 = A - \pi r_0^2 = (490.9 - \pi 5^2) \times 10^{-4} = 412.36 \times 10^{-4} \mathrm{m}^2$$

由式 (4-13)，真实的

$$p_{\mathrm{M}} = F_{\mathrm{CP}}/A_1 = 0.9384/412.36 \times 10^{-4} = 22.74 \mathrm{MPa}$$

$$\Delta V = A_1 S_1 \times 10^3 = 412.36 \times 10^{-4} \times 1.885 \times 10^3 = 77.73 \mathrm{L}$$

$$K = \frac{1}{0.9}\left(0.9^{0.715} - \frac{77.73}{300}\right)^{\frac{1}{0.715}} = 0.632$$

此时由式 (4-23) 算出 $p_{\mathrm{CP}} = 1.3 \times 22.74/2 = 14.8 \mathrm{MPa}$

因 $\dfrac{p_1 + p_2}{2} = p_{\mathrm{CP}} = 14.8 \mathrm{MPa}$，$p_1 = Kp_2$，故

$$p_2 = 2p_{\mathrm{CP}}/(1 + K) = 2 \times 14.8/1.632 = 18.14 \mathrm{MPa}$$

$$p_1 = Kp_2 = 0.632 \times 18.14 = 11.46 \mathrm{MPa}$$

蓄能器充气压力 $p_0 = 0.9 \times p_1 = 10 \mathrm{MPa}$。

4.7.4.2 动力系统设计

当驴头上行至终点时，为负载力最大值。蓄能器上腔在上终点之力为

$$F_{\mathrm{P}} = A_1 p_1 = 412.36 \times 10^{-4} \times 11.46 = 0.473 \mathrm{MN}$$

最大悬点载荷传至上终点之力

$$F_{\mathrm{L}} = 1.414 \times 0.8 = 1.131 \mathrm{MN}$$

则负载压力最大值

$$F_{\mathrm{M}} = F_{\mathrm{L}} - F_{\mathrm{P}} = 1.131 - 0.473 = 0.658 \mathrm{MN}$$

今假设在上终点之 $p_{\mathrm{L}} = 24 \mathrm{MPa}$，则

$$p_{\mathrm{L}} = F_{\mathrm{M}}/A_{\mathrm{L}} = 0.658/A_{\mathrm{L}} = 24 \mathrm{MPa}$$

$$A_{\mathrm{L}} = 0.658/24 = 274.2 \times 10^{-4} \mathrm{m}^2$$

则油缸中间杆半径 r_z

$$A - A_{\mathrm{L}} = \pi r_z^2$$

$$r_z = \sqrt{\frac{490.9 - 274}{\pi}} \times 10^{-2} = 8.309 \times 10^{-2} \mathrm{m}$$

$$d_z = 16.6 \times 10^{-2} \mathrm{m}$$

今选其直径 $d_z = 160 \mathrm{mm}$，则

$$A_{\mathrm{L}} = A - \pi r_z^2 = 490.9 - \pi 8^2 = 289.8 \times 10^{-4} \mathrm{m}^2$$

$$p_{\mathrm{L}} = 0.658/289.8 = 22.7 \mathrm{MPa}$$

可见此方案可行。这里

$$\gamma = \frac{A_{\mathrm{L}}}{A_1} = \frac{289.8}{412.36} = 0.703$$

由式（4-15）可得出

$$p_{Lmin} = (p_M - p_2)/\gamma = (22.74 - 18.14)/0.703 = 6.54\text{MPa}$$

$$p_{Lmax} = (p_M - p_1)/\gamma = (22.74 - 11.46)/0.703 = 16.05\text{MPa}$$

这里 　　　　　　$p_{L0} = (16.05 + 6.54)/2 = 11.30\text{MPa}$

最大流量

$$Q_M = 2A_L S_1 n \times 10^3 = 2 \times 289.8 \times 10^{-4} \times 1.885 \times 1.8 \times 10^3 = 196.7\text{L/min}$$

电机功率

$$N = p_{L0}Q_M/(60 \times 0.92 \times 0.85 \times 0.92) = 11.30 \times 196.3/42.228 = 52.63\text{kW}$$

4.7.4.3　负载压力曲线计算

（1）驴头上行段。

上行负载压力表见表4-11。

表4-11　上行负载压力表

$\alpha/(°)$	0	5	15	25	35	45	55	65	75	85	90
$\beta/(°)$	45	40	30	20	10	0	-10	-20	-30	-40	-45
S_1/m	0	0.105	0.314	0.524	0.733	0.94	1.15	1.36	1.57	1.78	1.885
$\Delta V/\text{L}$	0	4.33	12.95	21.608	30.23	38.76	47.42	56.08	64.74	73.40	77.73
K	1.0	0.978	0.936	0.893	0.851	0.811	0.77	0.73	0.69	0.65	0.632
F_{PS}/MN	0.748	0.732	0.700	0.668	0.637	0.607	0.576	0.546	0.516	0.486	0.473
F_{MS}/MN	1.131	1.044	0.924	0.851	0.812	0.80	0.812	0.851	0.924	1.044	1.131
p_{LS}/MPa	13.22	10.77	7.73	6.32	6.034	6.66	8.14	10.52	14.08	19.25	22.71

由下列诸式可算出上行液压负载力曲线

$$S_1 = 1.2\pi\alpha/180° = 0.02094\alpha$$

$$\Delta V = A_1 S_1 = 412.36 S_1 \times 10^3$$

$$F_{PS} = A_1 p_1 = 412.36 \times 10^{-4} \times p_2 K = 0.748K, \quad p_2 = 18.14$$

$$F_{MS} = \frac{0.8}{\cos\beta}$$

$$p_{LS} = (F_{MS} - F_{PS})/A_L = (F_{MS} - F_{PS})/289.8\text{MPa}$$

（2）驴头下行段。

由下列诸式可算出下行液压负载力，其中

$$F_{\alpha m} = F_m/\cos\beta = 5 \times 0.048/\cos\beta = 0.24/\cos\beta$$

$$F_{LX} = F_{PS} - F_{\alpha m} = F_{PS} - 0.24/\cos\beta$$

$$p_{LX} = (F_{PS} - F_{\alpha m})/A_L = \left(F_{PS} - \frac{0.24}{\cos\beta}\right)/289.8$$

下行负载压力表见表4-12。

表4-12　下行负载压力表

α/(°)	0	7.75	17.75	27.75	37.75	47.75	57.75	67.75	77.75	87.75	90
β/(°)	45	40	30	20	10	0	-10	-20	-30	-40	-45
F_{PS}/MN	0.748	0.732	0.70	0.668	0.637	0.607	0.576	0.546	0.516	0.486	0.473
$F_{\alpha m}$/MN	0.339	0.313	0.277	0.255	0.244	0.24	0.244	0.255	0.277	0.313	0.339
p_{LX}/MPa	14.11	14.46	14.6	14.26	13.59	12.66	11.45	10.05	8.25	5.97	4.624

负载压力曲线见图4-10。

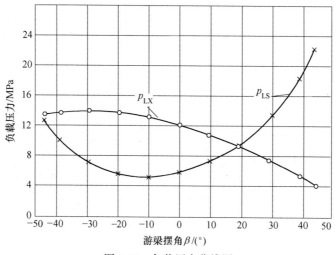

图4-10　负载压力曲线图

4.7.4.4　平衡度计算

上行力总和为：125.434MPa；下行力总和为：124.027MPa；其平衡度为99%。

4.7.4.5　功率精算

上下各点力之和为 125.434 + 124.027 = 249.461MPa，其平均值为 249.461/22 = 11.34MPa，与原算值 11.32MPa 相同。

4.7.5　V型液压抽油机的设计

已知 F_{MC} = 0.18MN，F_{mc} = 0.054MN，n = 1.8 次/min，S = 10m，R = 6m，

$r = 1.2\text{m}$，

$$\beta_M = 180 \times 9.5/6\pi = 90°$$

前已算过在各点上的负载力及计算公式

$$F_L = F_0/\cos\beta \tag{4-24}$$

表4-13即是行程 $S = 9.5\text{m}$，最大悬点载荷 $F_M = 180\text{kN}$，游梁前半径 $R = 6\text{m}$，前后半径之比为5时的计算结果，$F_0 = 900\text{kN}$，游梁支点高度 $L = 12\text{m}$ 时各点的负载力值 F_L。

表4-13　各点负载力相对值

$\beta/(°)$	-45	-40	-30	-20	-10	0	10	20	30	40	45
$\dfrac{F_L}{F_0}$	1.414	1.305	1.155	1.064	1.015	1.00	1.015	1.064	1.155	1.305	1.414

今取其力平均值 $F_M = 1.1733 \times 0.9\text{MN} = 1.056\text{MN}$，油缸行程 $S_1 = 1.2\pi \times 90°/180° = 1.885\text{m}$。

4.7.5.1　平衡系统设计

现设 $p_{CP} = 15\text{MPa}$，则由式（4-23）得 $15 = (1 + 0.3)p_M/2$，$p_M = 23.08\text{MPa}$。由式（4-13）得出

$$A_1 = F_M/p_M = 1.056/23.08 = 457.5 \times 10^{-4}\text{m}^2$$

取活塞杆半径 $r_0 = 5.0 \times 10^{-2}\text{m}$，则

$$A = 457.5 \times 10^{-4} + \pi 5.0^2 \times 10^{-4} = 536 \times 10^{-4}\text{m}^2$$

$R_0 = \sqrt{536/\pi} \times 10^{-2} = 13.06 \times 10^{-2}\text{m}$，$D_0 = 26.12 \times 10^{-2}\text{m}$，即选

$$D_0 = 260\text{mm}$$

则

$$R_0 = 130 \times 10^{-2}\text{m}$$

$$A = \pi R_0^2 = \pi 13^2 \times 10^{-4} = 530.9 \times 10^{-4}\text{m}^2$$

$$A_1 = 530.9 \times 10^{-4} - \pi r_0^2 = (530.9 - \pi 5^2) \times 10^{-4} = 452.4 \times 10^{-4}\text{m}^2$$

由式（4-13），真实的

$$p_M = F_M/A_1 = 1.056/452.4 \times 10^{-4} = 23.34\text{MPa}$$

$$\Delta V = A_1 S_1 \times 10^3 = 452.4 \times 10^{-4} \times 1.885 \times 10^3 = 85.28\text{L}$$

$$K = \frac{1}{0.9}\left(0.9^{0.715} - \frac{85.28}{300}\right)^{\frac{1}{0.715}} = 0.599$$

此时由式（4-23）算出；

$$p_{CP} = 1.3 \times 23.34/2 = 15.17\text{MPa}$$

因 $\dfrac{p_1 + p_2}{2} = p_{CP} = 15.17\text{MPa}$，$p_1 = Kp_2$，故

$$p_2 = \frac{2p_{CP}}{1 + K} = 2 \times \frac{15.17}{1.599} = 18.97\text{MPa}$$

$$p_1 = Kp_2 = 0.599 \times 18.97 = 11.36\text{MPa}$$

蓄能器充气压力 $p_0 = 0.9 \times p_1 = 10\text{MPa}$。

4.7.5.2 动力系统设计

当驴头上行至终点时，其负载力为 $F_{LS} = 5 \times 0.18 \times 1.414 = 1.273\text{MN}$，蓄能器之力 $F_{PS} = A_1 p_1 = 452.4 \times 10^{-4} \times 11.36 = 0.5139\text{MN}$，故所需之操纵力为 $F_c = F_{LS} - F_{PS} = 1.273 - 0.5139\text{MN} = 0.7591\text{MN}$，现假设最大负载力为 22MPa，即

$$p_{LS} = 22\text{MPa} = \frac{0.7591}{A_L}$$

$$A_L = \frac{0.7591}{22} = 345 \times 10^{-4}\text{m}^2$$

油缸中间杆直径

因 $A_L = A - \pi r_z^2 = 530.9 - \pi r_z^2$，故

$$r_z = \sqrt{\frac{530.9 - 345}{\pi}} \times 10^{-4} = 7.112 \times 10^{-2}\text{m} \quad d_z = 14.22\text{mm}$$

取 $d_z = 140\text{mm}$，则

$$A_L = A - \pi r_z^2 = 530.9 - \pi 7^2 = 376.96 \times 10^{-4}\text{m}^2$$

$$\gamma = \frac{A_L}{A_1} = \frac{376.96}{452.4} = 0.833$$

由式（4-15）可得出

$$p_{Lmin} = (p_M - p_2)/\gamma = (23.34 - 18.97)/0.833 = 5.246\text{MPa}$$

$$p_{Lmax} = (p_M - p_1)/\gamma = (23.34 - 11.36)/0.833 = 14.38\text{MPa}$$

这里 $\qquad p_{L0} = (14.38 + 5.246)/2 = 9.81\text{MPa}$

4.7.5.3 流量与功率计算

最大流量

$$Q_M = 2A_L S_1 n \times 10^3 = 2 \times 376.96 \times 10^{-4} \times 1.885 \times 1.8 \times 10^3 = 255.8\text{L/min}$$

电机功率

$$N = P_{L0} Q_M / 60 \times 0.92 \times 0.85 \times 0.90 = 9.81 \times 255.8/42.228 = 59.4\text{kW}$$

上式中 p_{L0} 应取各点之力的平均值，即等计算出负载力曲线才能得出。这比使用最大最小值再平均更准确。

4.7.5.4 负载压力曲线计算

由下列诸式可算出上行液压负载力曲线

$$S_1 = 1.2\pi\alpha/180° = 0.020944\alpha$$

$$\Delta V = A_1 S_1 = 452.4 \times 10^{-4} S_1 \times 10^3$$

$$F_{PS} = A_1 p_1 = 452.4 \times 10^{-4} \times p_2 K = 0.8582K, \quad \text{其中}$$

$$p_2 = 18.97\text{MPa}$$

$$F_{MS} = 0.9/\cos\beta$$

$$p_{LS} = (F_{MS} - F_{PS})/A_L = (F_{MS} - F_{PS})/376.96$$

（1）驴头上行段。

上行负载压力表见表 4-14。

表 4-14　上行负载压力表

$\alpha/(°)$	0	5	15	25	35	45	55	65	75	85	90
$\beta/(°)$	45	40	30	20	10	0	−10	−20	−30	−40	−45
S_1/m	0	0.105	0.314	0.524	0.733	0.94	1.15	1.36	1.57	1.78	1.885
$\Delta V/\text{L}$	0	4.75	14.21	23.71	33.76	42.53	52.03	61.53	71.03	80.53	85.28
K	1.0	0.976	0.929	0.883	0.835	0.793	0.749	0.705	0.662	0.62	0.599
F_{PS}/MN	0.8582	0.8376	0.797	0.758	0.717	0.681	0.643	0.605	0.568	0.532	0.514
F_{MS}/MN	1.273	1.175	1.039	0.958	0.914	0.9	0.914	0.958	1.039	1.175	1.273
p_{LS}/MPa	11.00	8.95	6.42	5.306	5.226	5.81	7.19	9.364	12.49	17.06	20.13

（2）驴头下行段。

由下列诸式可算出下行液压负载力，其中

$$F_{\alpha m} = F_m/\cos\beta = 5 \times 0.054/\cos\beta = 0.27/\cos\beta$$

$$F_{LX} = F_{PS} - F_{\alpha m} = F_{PS} - 5F_{mc}/\cos\beta$$

$$p_{LX} = \frac{F_{PS} - F_{\alpha m}}{A_L}$$

下行负载压力表见表 4-15。

表 4-15　下行负载压力表

$\alpha/(°)$	0	7.75	17.75	27.75	37.75	47.75	57.75	67.75	77.75	87.75	90
$\beta/(°)$	45	40	30	20	10	0	−10	−20	−30	−40	−45
F_{PS}/MN	0.8582	0.8376	0.797	0.758	0.717	0.681	0.643	0.605	0.568	0.532	0.514
$F_{\alpha m}/\text{MN}$	0.382	0.352	0.312	0.287	0.274	0.27	0.274	0.287	0.312	0.352	0.382
p_{LX}/MPa	12.63	12.88	12.87	12.49	11.75	10.9	9.79	8.436	6.791	4.775	3.502

负载压力曲线见图 4-11。

求平衡度：上行力总和 106.931MPa，下行力总和 108.946MPa，其平衡度为

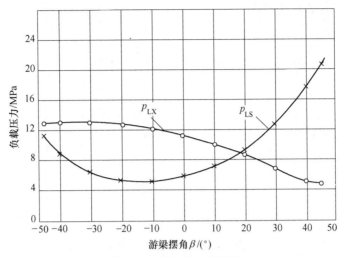

图 4-11 负载压力曲线图

98.1%，说明平衡度改好了，说明以前蓄能器系统过补。

求平均负载压力：

$$p_{L0} = 0.7 \times p_M/2\gamma = 0.7 \times 23.34/2 \times 0.833 = 98.1\text{MPa}$$

上下各点力之均值：

$$(106.931 + 108.946)/22 = 215.877/22 = 98.1\text{MPa}$$

显然两者相同，皆为 98.1MPa。

$$N_M = p_{L0} \times Q_M/42.228 = 98.1 \times 255.8/42.228 = 59.4\text{kW}$$

4.7.5.5 系统地面效率测量

系统平衡度通常有两种方法：一是利用示功图，一般老式游梁式多用此法；我们可以用电子式显示板显示出 p_L-N 示功图，然后通过电脑直接算出地面效率。设计时可用简易数字积分法算出，即将各点负载力加在一起，取平均值再乘以速度即可得结果。

4.7.6 Ⅵ型液压抽油机的设计

已知 $F_{MC} = 0.2\text{MN}$，$F_{mc} = 0.06\text{MN}$，$n = 2$ 次/min，$S = 10\text{m}$，$R = 6\text{m}$，$r = 1.2\text{m}$，

$$\beta_M = 180° \times 9.5/6\pi = 90°$$

前已算过在各点上的负载力及计算公式

$$F_L = F_0/\cos\beta \tag{4-24}$$

表 4-16 即是行程 $S = 9.5\text{m}$，最大悬点载荷 $F_M = 200\text{kN}$，游梁前半径 $R = 6\text{m}$，前后

半径之比为 5 时的计算结果，$F_0 = 1000\text{kN}$，游梁支点高度 $L = 12\text{m}$ 时各点的负载力值 F_L。

表 4-16　各点负载力的相对值

$\beta/(°)$	-45	-40	-30	-20	-10	0	10	20	30	40	43	45
$\dfrac{F_L}{F_0}$	1.414	1.305	1.155	1.064	1.015	1.00	1.015	1.064	1.155	1.305	1.367	1.414

今取其力平均值 $F_M = 1.1894 \times 1\text{MN} = 1.1894\text{MN}$，油缸行程 $S_1 = 1.2\pi \times 90°/180° = 1.885\text{m}$。

4.7.6.1　平衡系统设计

现设 $p_{CP} = 15\text{MPa}$，则由式（4-23）得 $15 = (1 + 0.3)p_M/2$，$p_M = 23.077\text{MPa}$。由式（4-13）得出

$$A_1 = F_M/p_M = 1.1894/23.077 = 515.4 \times 10^{-4}\text{m}^2$$

取活塞杆半径 $r_0 = 5.0 \times 10^{-2}\text{m}$，则

$$A = 515.4 \times 10^{-4} + \pi 5.0^2 \times 10^{-4} = 593.94 \times 10^{-4}\text{m}^2$$

$$R_0 = \sqrt{593.94/\pi} \times 10^{-2} = 13.75 \times 10^2\text{m}，D_0 = 27.5 \times 10^{-2}\text{m}，今取$$

$$D_0 = 270\text{mm}$$

则

$$R_0 = 13.5 \times 10^{-2}\text{m}$$

$$A = \pi R_0^2 = \pi 13.5^2 \times 10^{-4} = 572.56 \times 10^{-4}\text{m}^2$$

$$A_1 = 572.56 \times 10^{-4} - \pi r_0^2 = (572.56 - \pi 5^2) \times 10^{-4} = 494 \times 10^{-4}\text{m}^2$$

由式（4-13），真实的

$$p_M = F_M/A_1 = 1.1894/494 \times 10^{-4} = 24.08\text{MPa}$$

$$\cdot\ \Delta V = A_1 S_1 \times 10^3 = 494 \times 10^{-4} \times 1.885 \times 10^3 = 93.12\text{L}$$

$$K = \frac{1}{0.9}\left(0.9^{0.715} - \frac{93.12}{300}\right)^{\frac{1}{0.715}} = 0.566$$

此时由式（4-23）算出

$$p_{CP} = 1.3 \times 24.08/2 = 15.65\text{MPa}$$

因 $\dfrac{p_1 + p_2}{2} = p_{CP} = 15.65\text{MPa}$，$p_1 = Kp_2$，故

$$p_2 = 2p_{CP}/(1 + K) = 2 \times 15.65/1.566 = 19.99\text{MPa}$$

$$p_1 = Kp_2 = 0.566 \times 19.99 = 11.31\text{MPa}$$

蓄能器充气压力 $p_0 = 0.9 \times p_1 = 10\text{MPa}$。

4.7.6.2　动力系统设计

当驴头上行至终点时，其负载力为 $F_{LS} = 5 \times 0.2 \times 1.414 = 1.414 MN$，蓄能器之力 $F_{PS} = A_1 p_1 = 494 \times 10^{-4} \times 11.31 = 0.5587 MN$，故所需之操纵力为 $F_C = F_{LS} - F_{PS} = 1.414 - 0.5587 MN = 0.855 MN$，现假设最大负载力为 22MPa，即

$$p_{LS} = 22MPa = \frac{0.855}{A_L}$$

$$A_L = \frac{0.855}{22} = 388.64 \times 10^{-4} m^2$$

油缸中间杆直径

因 $A_L = A - \pi r_z^2 = 572.56 - \pi r_z^2$ ，故

$$r_z = \sqrt{\frac{572.56 - 388.64}{\pi}} \times 10^{-4} = 7.65 \times 10^{-2} m ，取 D_z = 150mm$$

$$A_L = A - \pi r_z^2 = 572.56 - \pi 7.5^2 = 395.85 \times 10^{-4} m^2$$

而

$$\gamma = \frac{A_L}{A_1} = \frac{395.85}{494} = 0.801$$

由式 (4-15) 可得出

$$p_{Lmin} = (p_M - p_2)/\gamma = (24.08 - 19.99)/0.801 = 5.11MPa$$

$$p_{Lmax} = (p_M - p_1)/\gamma = (24.08 - 11.31)/0.801 = 15.94MPa$$

这里

$$p_{L0} = (15.94 + 5.11)/2 = 10.53MPa$$

4.7.6.3　流量与功率计算

最大流量

$$Q_M = 2A_L S_1 n \times 10^3 = 2 \times 395.85 \times 10^{-4} \times 1.885 \times 1.8 \times 10^3 = 268.62 L/min$$

电机功率

$$N = p_{L0} Q_M / 60 \times 0.92 \times 0.85 \times 0.90 = 10.53 \times 268.62/42.228 = 66.98 kW$$

上式中之 p_{L0} 应取各点之力的平均值，即等计算出负载力曲线才能得出。这比使用最大最小值再平均更准确。

4.7.6.4　负载压力曲线计算

(1) 驴头上行段。

上行负载压力表见表4-17。

表4-17　上行负载压力表

$\alpha/(°)$	0	5	15	25	35	45	55	65	75	85	90
$\beta/(°)$	45	40	30	20	10	0	-10	-20	-30	-40	-45
S_1/m	0	0.105	0.314	0.524	0.733	0.94	1.15	1.36	1.57	1.78	1.885
$\Delta V/L$	0	5.19	15.51	25.88	36.2	46.4	56.81	67.2	77.6	87.93	93.1
K	1.0	0.974	0.923	0.872	0.823	0.775	0.727	0.679	0.633	0.588	0.566
F_{PS}/MN	0.9875	0.9618	0.911	0.861	0.813	0.765	0.718	0.671	0.625	0.580	0.559
F_{MS}/MN	1.414	1.305	1.155	1.064	1.015	1.0	1.015	1.064	1.155	1.305	1.414
p_{LS}/MPa	10.776	8.666	6.165	5.13	5.104	5.937	7.504	9.93	13.39	18.32	21.60

由下列诸式可算出上行液压负载力曲线

$$S_1 = 1.2\pi\alpha/180° = 0.020944\alpha$$

$$\Delta V = A_1 S_1 = 494 S_1 \times 10^3$$

$$F_{PS} = A_1 p_1 = 494 \times 10^{-4} \times p_2 K = 0.9875K, \quad 其中 p_2 = 19.99MPa$$

$$F_{MS} = 1.0/\cos\beta$$

$$p_{LS} = (F_{MS} - F_{PS})/A_L = (F_{MS} - F_{PS})/395.85$$

（2）驴头下行段。

由下列诸式可算出下行液压负载力，其中

$$F_{\alpha m} = F_m/\cos\beta = 5 \times 0.06/\cos\beta = 0.3/\cos\beta$$

$$F_{LX} = F_{PS} - F_{\alpha m} = F_{PS} - 5F_{mc}/\cos\beta$$

$$p_{LX} = (F_{PS} - F_{\alpha m})/A_L$$

下行负载压力表见表4-18。

表4-18　下行负载压力表

$\alpha/(°)$	0	7.75	17.75	27.75	37.75	47.75	57.75	67.75	77.75	87.75	90
$\beta/(°)$	45	40	30	20	10	0	-10	-20	-30	-40	-45
F_{PS}/MN	0.9875	0.9618	0.911	0.861	0.813	0.765	0.718	0.671	0.625	0.580	0.559
$F_{\alpha m}/MN$	0.424	0.392	0.346	0.319	0.305	0.30	0.305	0.319	0.346	0.392	0.424
p_{LX}/MPa	14.24	14.40	14.27	13.69	12.83	11.75	10.43	8.892	7.048	4.750	3.41

负载压力曲线见图4-12。

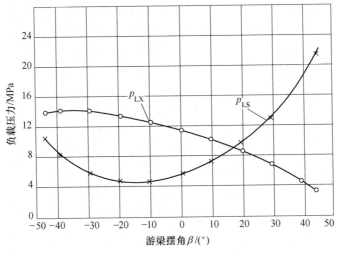

图 4-12 负载压力曲线

4.7.6.5 功率精算

上行力总和 112.522MPa，下行力总和 115.71MPa，其平衡度：97.2%。

(1) $p_{L0} = 0.7 \times p_M/2\gamma = 0.7 \times 24.08/2 \times 0.801 = 10.52$MPa

(2) 上下各点力之均值：10.37MPa

显然（2）为准确值，故

$$N_M = p_{L0} \times Q_M/42.228 = 10.37 \times 268.62/42 = 65.97\text{kW}$$

省掉 1kW。

4.7.6.6 系统地面效率测量

系统平衡度通常有两种方法：一是利用示功图，一般老式游梁式多用此法；我们可以用电子式显示板显示出 p_L-N 示功图，然后通过电脑直接算出地面效率。设计时可用简易数字积分法算出，即将各点负载力加在一起，取平均值再乘以速度即可得结果。

4.7.6.7 平衡度计算

可将上行和下行各点之液压力 P_L 分别求和，然后将上下之和力相除即是。例如本机之下合力为 115.71MPa、上合力为 112.52MPa，则其平衡度为 112.52/115.71＝97.3%，如此可见本优化设计是准确可靠的。

4.8 第四代液压抽油机各参数的变化规律

通过上节各型号的优化设计，可以看出，其主要参数都与最大悬点载荷成正比，见图4-13。其中 N 为总功率，kW；Q_M 为总流量，L/min；D_0 为油缸内直径，mm；A_L 为油缸中间腔（负载腔）的有效面积，mm²；A_1 为油缸上腔有效面积 mm²。

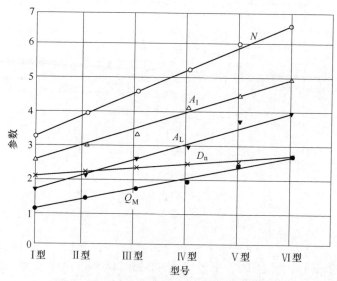

图 4-13 各型号液压抽油机参数变化规律图

第四代液压抽油机的优化精髓是：（1）用 p_{CP} 来调整平衡度；（2）用调整上行终点之负载压力 p_{LS} 来求负载面积 A_L 值。

5　有关专利及鉴定结果

我们从 1997 年开始研发液压抽油机，至今已经历 22 年，其间风霜苦雨难以言状。这里经历了三个阶段，即第二代无梁式液压抽油机、第三代混合式液压抽油机和第四代高效长冲程长寿命智能式液压抽油机。我们先后共申请 8 项专利，其中发明专利 1 项、实用新型专利 7 项。另有第二代、第三代两机型的鉴定材料也复印在本章中。

5.1　专利集锦

（1）游梁式液压抽油机。

（2）全状态调控式液压抽油机。

（3）一种新型无梁式液压抽油机。

（4）一种无梁式单活塞双出杆液压抽油机。

（5）一种调控式液压抽油机。

（6）一种混合式高效长冲程液压抽油机。

（7）第四代高效长冲程长寿命智能式机电液抽油机。

实用新型专利证书

实用新型名称：游梁式液压抽油机

设计人：刘长年

专利号：ZL 02 2 44361.4

专利申请日：2002 年 8 月 8 日

专利权人：刘长年

授权公告日：2003 年 7 月 23 日

证书号　第 563952 号

本实用新型经过本局依照中华人民共和国专利法进行初步审查，决定授予专利权，颁发本证书并在专利登记簿上予以登记。专利权自授权公告之日起生效。

本专利的专利权期限为十年，自申请日起算。专利权人应当依照专利法及其实施细则规定缴纳年费。缴纳本专利年费的期限是每年 8 月 8 日前一个月内。未按照规定缴纳年费的，专利权自当缴纳年费期满之日起终止。

专利证书记载专利权登记时的法律状况。专利权的转移、质押、无效、终止、恢复和专利权人的姓名或名称、国籍、地址变更等事项记载在专利登记簿上。

局长

专利号

第 1 页（共 1 页）

实用新型专利证书

实用新型名称: 全状态调控式液压抽油机

设计人: 刘长年

专利号: ZL 99 2 13885.X

专利申请日: 1999 年 6 月 21 日

专利权人: 刘长年

该实用新型已由本局依照中华人民共和国专利法进行初步审查, 决定授予专利权.

证书号 第 384326 号

本实用新型已由本局依照专利法进行审查, 决定于 2000 年 5 月 18 日授予专利权, 颁发本证书并在专利登记薄上予以登记. 专利权自证书颁发之日起生效.

本专利权的专利权期限为十年, 自申请日起算. 专利权人应当照专利法及其实施细则规定缴纳年费. 缴纳本专利年费的期限是年 6 月 21 日前一个月内. 未按照规定缴纳年费的, 专利权自当缴纳年费期满之日起终止.

专利证书记载专利权登记时的法律状况. 专利权的转让, 继承, 无效, 终止和专利权人的姓名或名称, 国籍, 地址变更等项记载在专利登记薄上.

专利号

局长

证书号第 3681685 号

实用新型专利证书

实用新型名称：一种新型无梁式液压抽油机

发　明　人：刘长年

专　利　号：ZL 2013 2 0685822.9

专利申请日：2013 年 11 月 04 日

专　利　权　人：刘长年

授权公告日：2014 年 07 月 09 日

　　本实用新型经过本局依照中华人民共和国专利法进行初步审查，决定授予专利权，颁发本证书并在专利登记簿上予以登记。专利权自授权公告之日起生效。

　　本专利的专利权期限为十年，自申请日起算。专利权人应当依照专利法及其实施细则规定缴纳年费。本专利的年费应当在每年 11 月 04 日前缴纳。未按照规定缴纳年费的，专利权自应当缴纳年费期满之日起终止。

　　专利证书记载专利权登记时的法律状况。专利权的转移、质押、无效、终止、恢复和专利权人的姓名或名称、国籍、地址变更等事项记载在专利登记簿上。

局长
申长雨　申长雨

第 1 页（共 1 页）

证 书 号 第 4918862 号

实用新型专利证书

实用新型名称：一种无梁式单活塞双出杆液压抽油机

发 明 人：刘长华

专 利 号：ZL 2015 2 0614854.9

专利申请日：2015 年 08 月 17 日

专 利 权 人：刘长年

授权公告日：2016 年 01 月 06 日

　　本实用新型经过本局依照中华人民共和国专利法进行初步审查，决定授予专利权，颁发本证书并在专利登记簿上予以登记，专利权自授权公告之日起生效。

　　本专利的专利权期限为十年，自申请日起算。专利权人应当依照专利法及其实施细则规定缴纳年费。本专利的年费应当在每年 08 月 17 日前缴纳，未按照规定缴纳年费的，专利权自应当缴纳年费期满之日起终止。

　　专利证书记载专利权登记时的法律状况。专利权的转移、质押、无效、终止、恢复和专利权人的姓名或名称、国籍、地址变更等事项记载在专利登记簿上

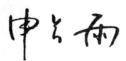

局长
申长雨

2016 年 01 月 06 日

第 1 页（共 1 页）

证 书 号 第 3503477 号

实用新型专利证书

实用新型名称：　杆调控式液压抽油机

发　明　人：刘长年，袁锐波

专　利　号：ZL 2013 2 0730176.3

专利申请日：2013 年 11 月 19 日

专 利 权 人：云南南星科技开发有限公司

授权公告日：2014 年 04 月 09 日

　　本实用新型经过本局依照中华人民共和国专利法进行初步审查，决定授予专利权，颁发本证书并在专利登记簿上予以登记。专利权自授权公告之日起生效。

　　本专利的专利权期限为十年，自申请日起算。专利权人应当依照专利法及其实施细则规定缴纳年费。本专利的年费应当在每年 11 月 19 日前缴纳。未按照规定缴纳年费的，专利权自应当缴纳年费期满之日起终止。

　　专利证书记载专利权登记时的法律状况。专利权的转移、质押、无效、终止、恢复和专利权人的姓名或名称、国籍、地址变更等事项记载在专利登记簿上。

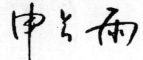

局长
申长雨

第 1 页（共 1 页）

证书号第5645593号

实用新型专利证书

实用新型名称：一种混合式高效长冲程液压抽油机

发　明　人：刘长年

专　　利　　号：ZL 2016 2 0566178.7

专利申请日：2016 年 06 月 14 日

专　利　权　人：刘长年

授权公告日：2016 年 11 月 09 日

　　本实用新型经过本局依照中华人民共和国专利法进行初步审查，决定授予专利权，颁发本证书并在专利登记簿上予以登记。专利权自授权公告之日起生效。

　　本专利的专利权期限为十年，自申请日起算。专利权人应当依照专利法及其实施细则规定缴纳年费，本专利的年费应当在每年 06 月 14 日前缴纳。未按照规定缴纳年费的，专利权自应当缴纳年费期满之日起终止。

　　专利证书记载专利权登记时的法律状况。专利权的转移、质押、无效、终止、恢复和专利权人的姓名或名称、国籍、地址变更等事项记载在专利登记簿上。

局长
申长雨

2016 年 11 月 09 日

第 1 页 (共 1 页)

证书号第4106882号

发明专利证书

发 明 名 称：第四代高效长冲程长寿命智能式机电液抽油机

发 明 人：刘长年

专 利 号：ZL 2018 1 0591987.7

专利申请日：2018 年 06 月 12 日

专 利 权 人：刘长年

地 址：102218 北京市昌平区天通苑东三区 10-4-102

授权公告日：2020 年 11 月 20 日   授权公告号：CN 108843275 B

　　国家知识产权局依照中华人民共和国专利法进行审查，决定授予专利权，颁发发明专利证书并在专利登记簿上予以登记。专利权自授权公告之日起生效。专利权期限为二十年，自申请日起算。

　　专利证书记载专利权登记时的法律状况。专利权的转移、质押、无效、终止、恢复和专利权人的姓名或名称、国籍、地址变更等事项记载在专利登记簿上。

局长
申长雨

2020 年 11 月 20 日

第 1 页（共 2 页）

其他事项参见背面

5.2 鉴定文件

5.2.1 第三代液压抽油机鉴定

鉴定地点：大庆石油管理局第二厂。

编码：QR/AO/9—11—09

大庆石油管理局

科技成果评定、验收证书

成果登记号：(*0108001*)

成 果 名 称：系列液压抽油机开发研制
承 担 单 位：大庆石油管理局总机械厂研究所
参 加 单 位：北京科海机电有限公司
　　　　　　　　大庆油田有限责任公司第二采油厂试验大队
完 成 日 期：二〇〇一年三月

大庆石油管理局科技处印制

一、基本情况

成果名称	系列液压抽油机开发研制
完成单位	大庆石油管理局总机械厂研究所　北京科海机电有限公司 大庆油田有限责任公司第二采油厂试验大队
任务来源	根据现场需要厂下达　　　　计划编号
申请评定形式	☑会议评定　□检测评定　□视同评定
申请评定验收 时间及地点	2001年4月在大庆石油管理局总机械厂机械研究所
答辩人	李晓红　刘长年　　电话　　5871325
国家秘密	□绝密　□机密　☑秘密
商业秘密	□重大　□重要　☑一般
专业分类	□01 物探　□02 钻井　□03 测井　□04 水电信　□05 基建 □06 安全环保　□07 化工　☑08 机械　□09 农业 □10 计算机　□11 医疗　□12 教育　□13 物业 □14 软科学　□15 高新技术产业化　□16 思想政治研究
成果类别	□基础研究类　　　□应用技术类 □软科学类　　　　☑新技术推广类 □高新技术产业化类
知识产权　成果归属	□我局所有　　☑我局与外协方共有
知识产权　保护形式	☑专利技术　□专有技术　□其它

二、主要研究内容及技术指标

A.立项论证报告要求的研究内容及技术指标

1. 节能，较常规机效率应提高20%以上；
2. 冲程、冲次应能连续可调，并且调整方便，不用吊车；
3. 应能实现匀速运动与上快下慢的最优运动规律；
4. 应具有超、断载感知及自动保护系统；
5. 应研制一种空载启动装置，以减小电机容量；
6. 应具备快速自动与手动刹车系统；
7. 整机重量应减轻到原机型的40%～50%；
8. 具有防盗性；
9. 应加强中央轴承座轴承载能力；
10. 应改变支架受力中心，改善受力状况；
11. 应使后驴头吊绳受力均匀，延长使用寿命。

B.项目完成的研究内容及达到的技术指标

1. 节能，系统效率达到40%左右，功率因数0.75～0.85，平均值为0.766，常规机系统效率20%左右，功率因数0.2～0.5，平均值为0.366；
2. 冲程、冲次可以连续调节，只需旋转两个小手柄；
3. 运动状态可做到上下匀速，死点停顿瞬间且可调，并也能做到上快、下慢；
4. 能够感知超载与断杆，并能自动停机报警；
5. 可以延时启动，即空载启动时电机电流不大于额定电流；
6. 可以快速停机；
7. 整机重量是老式机型的40%；
8. 电-液部分做成带锁的房子具有良好防盗性；
9. 中央轴承座轴承载能力加强；
10. 改变支架受力中心，改善受力状况；
11. 后驴头吊绳可调式，使后绳受力均匀，延长使用寿命。

C.关键技术及创新点

关键技术：
1. 节能技术；
2. 新的环境适应技术；
3. 全状态连续调控技术；
4. 新的平衡技术；
5. 运动状态可调技术；
6. 超载与断载保护技术。

本机的创新点：

1. 全状态连续调控技术
   冲程、冲饮均可连续可调，且调整方便；
2. 独创的新平衡技术
   去掉配重块可以做到精确平衡，因而提高整机效率和功率因数，大大减轻整机重量；
3. 运动状态最佳化技术
   可是整机匀速运动，上、下死点停顿及可调，并能做到上快、下慢的特殊运动；
4. 环境适应技术
   使液压系统能在±40℃环境下正常工作并且不设冷却及加温装置；
5. 中央轴承座轴承承载能力加强，提高轴承的使用寿命；
6. 支架受力中心改变，改善支架受力状态；
7. 后驴头吊绳受力均匀，使后绳受力均匀，延长使用寿命。

D.与国内外同类先进技术对比情况（1、国际先进　2、国内领先　3、国内先进）

效率	本机	地面效率60%
	国内外先进机型	地面效率30%～40%
冲程、冲次	本机	可连续无级调节，调节方便
	国内外先进机型	一般只有三档，调节困难，需用吊车
平衡技术	本机	无平衡重块，可精确平衡，调节方便
	国内外先进机型	有平衡重块，近似平衡，调节困难
运动状态	本机	匀速运动，加速度只在换向时出现，换向有停顿，可有上快下慢、下快上慢和匀速三档
	国内外先进机型	正弦运动，加速度大，换向无停顿
超载与断载保护	本机	有
	国内外先进机型	无
整机重量	本机	8吨以上
	国内外先进机型	23吨以上
其它	本机	抽油杆无偏磨现象
	国内外先进机型	抽油杆偏磨严重，每年需更换两次，耗资8万～10万元

由上表可看出，本机的先进程度超过世界同类技术的当前水平，属于国际领先水平。

E.推广应用情况及应用前景

　　液压抽油机是一种新型节能抽油机，调参方便，能有效地防止延长杆管偏磨。该抽油机投入使用后，具有耗能低、机型参数可调性好等特点。在采油生产中，操作简单、管理方便，其光杆运动比较平缓，惯性载荷较小，有利于延长光杆的使用寿命；它的手动调参，不再需要大型车辆和专业队伍，每次可节约调参费用2000~3000元，大大减轻了工人的劳动强度，提高了生产效率，具有较为广阔的应用前景。

F.效益分析

1.经济效益和社会效益分析

　　液压抽油机比较适用于聚驱采油井，调参方便，且对杆管偏磨有很大益处，是一种新型注聚采油设备。大庆油田年用量10台套，每套可创产值16万元，利润近1.2万元，年产值达160万元，利润12万元。若市场开发工作顺利，还可以向国内其他油田进行推广，将带来可观的产值和利润。

2.推广率

$$推广率=\frac{2}{2}\times100\%=100\%$$

3.投入产出比

$$投入产出比=\frac{项目投入}{产值}=\frac{20万元}{31.1万元}=1:1.555$$

4.采纳率

三、审查意见

申报单位审查意见	同意申报 领导签字：李×× （石油管理局公章） 2001年4月17日
局科技处审查意见	专业工程师签字：李×× 科长签字：季×× 2001年7月3日 已登记 审查人签字：李×× 科长签字：明×× 2001年7月19日

四、附件目录

1.立项论证报告

2.技术总结报告

3.查新检索证明

4.用户使用报告

5.检测或测试报告

6.标准化及质量保证体系报告

7.经济效益财务证明

8.科研外协合同复印件

五、评定（验收）意见

由大庆石油管理局总机械厂与北京科海机电有限公司、大庆采油二厂合作开发的"系列液压抽油机研制项目"，经局专业技术委员会专家审查讨论认为：

1. 该项成果为新型的液压抽油机，采用现代机电液一体化技术研制而成。其基本结构是利用已经成熟的游梁式抽油机的底座、支架和驴头，先进全封闭的电-液传动机构、液压平衡机构、控制与逻辑系统及超、断载等诸多保护装置等。两年现场使用情况表明：该机型技术性能比较优越，而其可靠性、寿命和维修费用与常规机型相当。节能：系统效率可达44%，较常规机提高40%左右。

2. 初步探索了常规机型在聚驱井上抽油杆偏磨难题。能实现上下冲程均速运动（减少抽油杆偏磨并能提高功效），上、下死点停顿片刻（减少抽油杆偏磨，提高油泵的填充系数）和上行快、下行慢等最优化运动规律。

3. 全状态连续调控技术：冲程、冲欤均可连续可调，且调整方便。新的平衡技术：本机研制一种无配重块的新平衡技术，因此功率因数可达0.75～0.85。大大减少无功损耗，而且调整方便。

4. 可以延时启动，即空载启动时电机电流不大于额定电流。超载与断载保护技术：能自动识别超载与断载故障并能自动停机报警。电-液部分集中在铁房内，具有良好防盗性。

该项目提交的技术资料比较齐全，符合验收要求。同意通过局技术成果评定验收。其技术达到国内领先水平。

存在问题与建议：

建议补充在采油九厂标准井的节能测试数据，并补充高压的液压缸的权威性的安全质量认证。

评定（验收）委员会主任（签字）　　　　　　　　　　　　评定验收专用章

2001年7月21日

六、组织评定、验收单位意见

科技处处长签字：　　　××　　　　　公　章

2001 年 7 月 26 日

5.2.2 第二代液压抽油机鉴定

鉴定地点：云南省科技厅（昆明市）。

建议密级	
批准密级	

科学技术成果鉴定证书

云科奖 鉴字[2016] 038号

成 果 名 称：高效节能无游梁液压抽油机关键技术

完 成 单 位：云南南星科技开发有限公司

昆明理工大学

鉴 定 形 式：专家会议鉴定

组织鉴定单位：云南省科技厅

鉴 定 日 期：2016 年 4 月 17 日

批准鉴定日期：2016 年 4 月 17 日

云南省科学技术奖励办公室

一、简要技术说明及主要技术性能指标

　　本项目《高效节能无游梁液压抽油机关键技术》是利用新的机、电、液一体化理论和技术自主研发的产品。这种新机型从根本上解决了常规游梁式抽油机所存在的一系列问题，对提高采油效率、节能降耗、降低成本、提高抽油机的可靠性、耐久性和安全性、减轻工人劳动强度等诸方面均具有显著的优点。尤其是专门为本产品研发了一种新的补油装置，使产品有效地实现了近代采油理论提出的抽油杆要上快下慢的工作模式；进而引导采油工艺的变革；通过新的设计方法和特殊配置，使液压系统无需冷却装置，当环境温度在±40℃时仍能连续正常的工作，从而为无水源、四季温差大的油田应用液压抽油机开创了广阔前景。

　　一、液压抽油机总体结构由四大部分组成

　　（1）机械构件，它由与油井对接的安装机架，和与油井抽油杆对接的液压缸安装支承件以及液压站安装机座等组成；

　　（2）液压驱动系统，它包括油泵组合，液压站及控制阀、液压缸、蓄能器及连接管路等组成；

　　（3）电器控制系统，它以PLC控制器为控制核心，通过各型电器元件、各类开关实现手动运转、半自动和全自动运转功能；

　　（4）智能检测元件，它包括拉压力传感器、光电传感器、液压压力传感器、位移传感器、液压压力继电器和温度传感器等。

　　二、工作原理

　　采用油缸直抽的结构形式，油缸活塞杆与光杆对接，使整机结构简单调整更加方便，设备主要由底座、机架、油缸和电液控制系统构成；安装时油缸正对下方井口，油缸中心与抽油杆同轴，当液压系统输出的压力油控制油缸活塞杆作上下伸缩运动时，与之相连的抽油杆和井下泵将随之做上升和下降运动，即实现了抽油机从井下抽取原油的目的。

　　三、主要特点

　　1）高效节能：本机地面效率>70%,井下平均泵效71.3%，提高井下泵效约10个百分点，功率因数可达0.705～0.839，电流只有老式抽油机的二分之一；

　　2）具有断载、超载感知和保护功能；

　　3）可做到上快下慢的抽油模式，并能提高井下油泵的充满系数；

　　4）减少抽油杆的偏磨，提高抽油杆的使用寿命；

　　5）平衡度好，平衡率在90%～97.1%之间；

　　6）冲程、冲次可连续调节，给变化着的井下状态提供了优化条件；

　　7）体积小、质量轻、占地面积少，安装、调试、使用维护方便；

　　8）液压系统无需冷却水，一年4季都能正常工作。

　　四、技术参数

　　1.最大悬点载荷：100kN；

　　2.最大冲程：最大冲程3m；可无级调节；

　　3.最大冲次：6次/min；可无级调节；

　　4.地面效率：>70%；

5.工作温度：在环境温度达到+40℃时，油温<60℃

在环境温度达到-40℃时，油温>0℃

6.运动状态，可有上快下慢、下快上慢和匀速三种运动状态、可无级调节，有超、断载保护装置；

7.电机功率：30kW；

8.整机质量：5000kg。

五、主要创新点

1.高效节能技术

样机测试结果地面效率为72.1%，井下平均泵效71.3%，与传统机械抽油机相比节电20%，大幅度地提高了设备效率，节能效果明显，处于世界先进水平。

2.全状态连续控制技术

本项目研发的抽油机采用全新的电液控制技术，可以对液压缸位移及速度进行无级调控，从而达到任意调节冲程及冲次的目的，满足最佳功率匹配，实现了抽油机全状态连续控制。另一方面实现抽油机各项参数测控的数字化，这为油田的远程管理，采油自动化，采油智能化奠定了基础。

3.液压系统温控技术

本项目抽油机采用新型液压系统温控技术，采用特殊系统设计和配置，无需冷却系统，既能使其在环境温度高达40℃时还能正常工作又能降低功耗。同时，还可充分利用其散热损耗，保证其在低温下也能保持良好的工作状态。

4.液压动态平衡技术

本项目研究采用气液蓄能技术及复合缸取代了配重块，不仅解决了平衡问题，并且能在任意点上做到精确动态平衡，使电机始终工作在高效区，提高了整机效率。

5.抽油杆"上快下慢"的增流技术

本项目研究出一种既能在瞬间捕捉闲油，又能在换向终了后释放出来的增流技术，可以提高抽油效率。

6.超断载保护技术

本项目抽油机采用压力传感检测技术，能随时监测井下负载状况，一旦发生超载或断载，液压系统会自动停止工作。这不仅有效保护了抽油杆，延长了其使用寿命，同时节省了能源。

六、与国外公司产品的对比:			
产品性能 公司名称	Mannesmann Rexroth 机型	Weatherford 机型	云南南星科技开发 有限公司机型
最大悬点 载荷	80～100kN	120kN	60～100kN
最大冲程	3m	3m	3m
最高冲次	可调	可调	可调
电机功率	主电机 P=22kW,转速 n=1500r/min，风冷电机功率 P=0.37kW, n=940r/min		主电机 P=18.5kW,转速 n=1450r/min，补油泵电机功率 P=1.5kW, n=1500r/min
液压泵	一台负摆角控制型液压马达/液压泵，由一个比例阀/伺服阀实现控制。结构非常复杂，造价高，液压马达故障率高，使用寿命短。	一台负摆角控制型液压马达/液压泵，由一个比例阀/伺服阀实现控制。结构非常复杂，造价高，液压马达故障率高，使用寿命短。	一台手动变频泵，手动调节流量。改变冲次时，才需要调节。结构简单，成本低，性能可靠。
电机-泵联接方式	电机通过一根通轴同时与液压泵/马达、冷却泵、控制液压泵及一个飞轮同轴连接。结构复杂，共用了三台泵，同轴度要求高，安装调整困难，维修更换配件很不方便。	电机与伺服变量泵连接，油泵变量机构复杂。	电机通过联轴器与一台手动变量泵连接。结构非常简单，造价低，维修方便。
冷却技术	1)采用风冷，用了一台风冷电机； 2)用了一台冷却泵，将油箱中的油不断抽吸，经管道进入风冷却器对油液进行冷却。		采用自有的温控理论和技术和全局优化配置。系统可在±40℃的环境下正常工作。
节能技术	1)电机轴联接，飞轮积蓄机械能； 2)用液压泵/马达二次调节技术回收能量，结构复杂，造价高。	用蓄能器回收流体能量，下行时吸收液压能，上行时释放液压能。	用蓄能器回收流体能量，下行时吸收液压能，上行时释放液压能。
平衡技术	用压力阀实现平衡，有压力能损失。	使用活塞式蓄能器。体积庞大，不仅结构复杂而且氮气极易通过活塞深入油液中，产生不必要的振动，或造成系统的不稳定现象发生。	用氮液蓄能器平衡，无能量损失，平衡度高。
换向技术	用负摆角控制型液压泵/马达和一台控制液压泵实现上行及下行动作换接。结构复杂，故障率高。	使用伺服阀实现换向及调速，抗污染能力差，效率低，系统发热量大；控制精度高，但结构复杂，难以维护。	用常规三位四通换向阀实现换向。结构简单，换向平衡可靠。
液压元件选择	所用元件为德国博士-力士乐公司产品，特别是液压马达及比例伺服阀抗污染能力差，因而故障率高，价格昂贵。	所用元件为美国摩格公司产品，特别是液压马达及比例伺服阀抗污染能力差，因而故障率高，价格昂贵。	所用元件液压泵为国内中航力源公司生产。换向阀为榆次液压公司生产，其他均为中国品牌产品。这些元件抗污染能力强。因而故障率低，成本低。
使用维护	使用维护技术复杂、要求高。	使用维护技术复杂、要求高。	常规液压系统，技术要求低，可靠性高。

与国内传统机械抽油机对比：

主要技术经济指标	传统游梁式抽油机	无游梁式液压抽油机
地面效率	60%左右	>70%
井下泵效	58%左右	75%左右,提高效率29.3%
功率因数	0.2~0.4	0.71~0.84
冲程、冲次	只有四档调节，调节需吊车	调节方便，可以无级调节
断载、超载保护装置	无	有
平衡技术	有配重块，近似平衡，调节困难	无配重块，可精确平衡，调节方便
运动状态	正弦运动，加速度大，换向无停顿	匀速运动，加速度只在换向时出现，换向有停顿，可有上快下慢、下快上慢和匀速三种运动状态
特殊功能	无	有，可以做到上快下慢，提高采油效率
机械配重	有	无
整机重量	21~30吨	5吨

七、产品企业标准和专利

(1) 制定企业标准2项
企业标准：无梁式液压抽油机
标准号：Q/YNXC001-2015
地方标准：无梁式液压抽油机
标准号：DBXX/TXXX-XXXX(评审中)

(2) 获得实用新型专利10项
专利名称：一种调控式液压抽油机
专利号：ZL 2013 2 0730176.3
专利名称：一种新型无梁式液压抽油机
专利号：ZL 2013 2 0685822.9
专利名称：一种调控式液压抽油机专用缸
专利号：ZL 2015 2 0477928.9
专利名称：一种液压抽油机的状态监控系统
专利号：ZL 2015 2 0502063.7
专利名称：一种无梁直抽式液压抽油机的支承装置
专利号：ZL 2015 2 0502134.3
专利名称：一种液压抽油机的平衡系统
专利号：ZL 2015 2 0501907.6
专利名称：抽油机外观专利
专利号：ZL 2015 3 0250177.2
专利名称：一种无梁式液压抽油机的活塞杆与抽油杆的对接装置
专利号：ZL 2015 2 0511531.7
专利名称：一种液压抽油机的新型悬点载荷模拟器
专利号：ZL 2015 2 0511262.4
专利名称：一种游梁式抽油机负载模拟电液伺服控制方法及装置
专利号：ZL 2015 2 0526201.5

(3) 获得发明专利1项
专利名称：一种游梁式抽油机负载模拟电液伺服控制方法及装置
专利号：ZL 2015 1 0426440.8

二、推广应用前景与措施

1.项目市场价值

石油作为当今世界的主要资源，一直是世界各国的战略重点。各产油国不断加大投入增加石油产量，抽油机采油井的数量呈逐年上升趋势。石油工业也是我国国民经济的支柱产业之一，据不完全统计，我国现已建成40多个油气田，机械采油井有15万口以上，而且随着勘探业的发展，不断有新的油田发现，预计不久的将来，我国的陆地机械采油井数量将达到20万口以上。因此，抽油机的需求量将不断增加。此外，从国外市场分析，世界上原油生产国家，特别是石油输出国，一般不具有石油开采装备的生产能力，如中东、南美等一些产油国家，其抽油机一直从国际市场采购。

由于西方国家石油装备价格昂贵，一些发展中的产油国正积极寻找替代品，在总体性能与技术水平上与国际水平相当的情况下，我国的石油装备在价格上具有明显优势，而我们的"无游梁液压抽油机"产品在性能上目前优于世界水平，因此，在国际抽油机市场上也有巨大的竞争潜力，市场前景广阔。

2.营销措施

(1) 自主销售，建立公司营销团队

建立公司营销团队，迅速进入市场调查获取信息资料，用科学理论进行分析研究，从而对市场供求关系的发展趋势及其他相关因素作出正确判断，制定企业的营销计划并指导企业的营销实践。同时，以市场为导向，顺应抽油机行业的发展需求，不断开发适应市场需求的新产品，提高系统配套和模块化供货能力。

(2) 代理销售

目前，公司已经与新疆鑫岩科工贸有限公司签订了销售合作协议，委托鑫岩公司开拓新疆、中亚和高加索地区无梁式液压抽油机市场。双方预定销售目标为每年100台液压抽油机。

南星公司正在与美国GWK Group LLC进行开拓美国、加拿大和墨西哥地区的市场资源的谈判，已经签订协议，由美国GWK Group LLC作为无梁式液压抽油机北美业务全权代表，合作的国家包括美国、加拿大和墨西哥。预定的首期销售目标为100台/年，以后逐年按一定比例增加。

(3) 建立战略合作伙伴关系

国内大型油田主要有：大庆油田、山东油田、华北油田、大港油田、冀东油田、辽河油田、新疆哈密油田和陕西的长庆油田。这些油田一般都拥有机械总厂，油田的机械总厂通常具有较强的机械生产加工能力，而且普遍存在产能过剩。公司将寻求逐步与这些机械总厂建立战略合作伙伴关系，由南星公司生产液压站和电控柜，机械总厂负责生产机械结构件并且在南星公司技术人员指导下完成整机组装。这样南星公司可以节约大型机械构架的运费和节省项目前期投资；而油田机械总厂可以获得机械部分的生产利润以及后期维修服务费用，就形成了南星公司和油田双赢的合作局面。

三、主要技术文件目录及来源

主要技术资料		
序号	资料名称	提供部门
1	工作总结报告	云南南星科技开发有限公司
2	技术总结报告	云南南星科技开发有限公司
3	工艺研究报告	云南南星科技开发有限公司
4	设计计算说明书	云南南星科技开发有限公司
5	试验研究报告	云南南星科技开发有限公司
6	标准化审查报告	云南南星科技开发有限公司
7	技术经济分析报告	云南南星科技开发有限公司
8	科技查新报告	云南省科学技术情报研究院
9	使用说明书	云南南星科技开发有限公司
10	检测报告	云南省机械设备产品质量监督检验站督检验站
11	用户使用情况证明	大庆油田有限责任公司第二采油厂第三作业区
12	现场照片	云南南星科技开发有限公司
13	专利、企业标准	云南南星科技开发有限公司
14	附件：	云南南星科技开发有限公司
*	1) 产品操作、维护、检修规程	云南南星科技开发有限公司
	2) 产品设计机械、电气、液压图纸	云南南星科技开发有限公司

四、鉴定委员会专家测试报告

云南省机械设备产品质量监督检验站检测报告

No.: W2015-02　　　　　　　　　　　　　　　第 1 页　共 8 页

产品名称	无梁式液压抽油机	型号规格	WYCYJ100-3-6	商标	
委托单位	云南南星科技开发有限公司				
生产单位	云南南星科技开发有限公司				
检测类别	委托检测	送样日期		2015.5.8	
抽样地点		送样人		云南南星科技开发有限公司	
生产日期/编号	2014.5/ NX001				
样品等级	企业合格品	样品状态		无包装	
样品数量	1	抽样基数		1	
检测日期	2015.5.8～2015.5.16	检测地点		大庆油田有限责任公司第二采油厂第三作业区采油八区二队	
检测项目	安全检查、电气检查、参数检验和运转试验共27项				
检测依据（主要标准）	GB 4053.1—2009《固定式钢梯和平台安全要求　第1部分　钢直梯》 GB 4053.3—2009《固定式钢梯及平台安全要求　第3部分：工业防护栏杆及钢平台》 GB/T 3766—2001《液压系统通用技术条件》 GB 5226.1—2008《机械安全机械电气设备　第1部分：通用技术条件》 Q/YNX 002—2014《无梁式液压抽油机》				
检测结论	经现场检测，共检测27项，符合27项，该产品所检项目和实测结果见第2~8页。 签发日期 2015 年 5 月 25 日				
备注	本报告含封面及注意事项共10页。报告第2~8页。　　具体实测结果详见本报告第2~8页。				

批准： ×× 　　　审核： ×× 　　　主检： ××

测试组长：　韩玉稳　　　成员：　刘森　、　赵龙　、　吴拥军
　　　　　　　　　　　　　　　　　　　　　　　2015年05月25日

五、鉴定意见

2016年4月17日，由云南省科技奖励办公室组织并主持，邀请有关专家组成鉴定委员会，对云南南星科技开发有限公司"高效节能无游梁液压抽油机关键技术"进行鉴定。鉴定委员会听取了工作总结、技术总结及试验检测等报告。经与会专家质询、讨论，形成如下意见：

1. 提供的资料齐全、完整、规范，符合鉴定要求。

2. 高效节能无游梁液压抽油机采用现代机电液一体化理论和技术研制。其基本机构为抽油机直接安装于井口，液压缸活塞杆与抽油杆对接同轴安装。由全封闭的电液传动机构、液压平衡机构、控制与逻辑系统及超、断载保护装置等构成。

3. 主要创新点

(1) 全状态连续调控技术

本项目研发的抽油机采用全新的电液控制技术，可对液压缸位移及速度进行无级调控，从而达到无级调节冲程、冲次的目的，且调整方便，满足最佳功能匹配，实现了抽油机全状态的连续调控。

(2) 动态平衡技术

本项目研制一种无平衡重的新平衡技术，平衡度在90%～97.1%之间。功率因数可达到0.705～0.839，比传统游梁式抽油机提高了一倍，实现了良好的动态平衡。

(3) 液压系统温控技术

本项目液压系统采用特殊设计和配置，无需冷却系统。抽油机能适应 -40～+40℃的环境温度，并保持良好的工作状态。

(4) 超断载保护技术

本项目抽油机采用压力传感器检测技术，能随时检测井口负载状况，自动识别超载与断载故障并能自动停机报警。

4. 现场应用效果

(1) 由于采用了全新的液压控制系统，实现上行快、下行慢等最优化运动规律，改善了抽油杆、泵的运动状况，提高井下泵的充满系数。

(2) 地面效率为72.1%，井下平均泵效为71.3%，系统效率达到51.4%，液压系统平均温升20℃。与常规游梁式抽油机相比，在相同的工况条件下，节电超过20%，提高井下泵效效10%以上，高于行业平均水平，实现了高效、节能。

鉴定委员会认为，"高效节能无游梁液压抽油机关键技术"具有自主知识产权，其液压控制技术达到了国际先进、国内领先水平，具有很好的应用前景。同意通过鉴定。

建议：结合样机现场使用情况，对设备机械结构进行进一步优化完善，扩大应用规模。

鉴定委员会主任：茅×× ____　　　副主任：徐×× ____

2016 年 6 月 17 日

六、主持鉴定单位意见

同意专家组鉴定意见

2016 年 4 月 18 日

七、组织鉴定单位意见

同意通过鉴定

2016 年 4 月 18 日

6　液压元件简介

读到本书时会发现液压抽油机中用到不少液压元部件，甚至可以说这种抽油机本身就是一个液压传动系统。因此在研究这种系统时应该懂得一些液压传动的基础知识。本章拟用较少的篇幅概括地介绍本机中常用的四大类元部件，即液压泵、液压缸、液压阀和液压辅件，以作为本书的基础。

6.1　液压系统的基本概念

6.1.1　液压油的物理性质

液压系统包括液压传动系统与液压伺服系统两大部分，本书研究的内容为液压传动系统。但就其液压特性来说，两者是一致的，因此这里统称液压系统。

液压系统中的工作液体为矿物油，它不但能传递能量，还能起到润滑作用。由于液压系统在工作中，液体的压力、流速和温度往往变化较大，因而油液的好坏直接影响到液压系统的工作性能。在选择液压油时要特别关注它的各种性能。液压油的种类很多，性能指标也各不相同，一般是根据液压系统的工作特性和环境特性来选择。这里将简单介绍一下液压油的基本特性。

（1）重度与密度。

在液压系统的计算中常要用到液体的重度与密度，它是液压系统研究中的重要物理量。由物理学可知液体单位体积的重量称之为重度，用 γ 来表示，液体单位体积的质量称为密度，用 ρ 来表示。显然

$$\rho = \frac{\gamma}{g} \tag{6-1}$$

式中　g——重力加速度，$9.8\mathrm{m/s^2}$；

　　　γ——重度，$\mathrm{N/m^3}$；

　　　ρ——密度，$\mathrm{kg/m^3}$。

（2）黏度。

不同液体的黏性是不同的，例如水的黏性就比油要低。液压油的黏性直接影响到液压系统的品质，黏性太低易泄漏、易磨损，对一些系统还易引起振荡；黏性太高（稠油）阻力大、易发热，而且效率低。衡量液体黏性的指标是黏度。

1) 动力黏度。

动力黏度，也叫动力黏性系数，用 μ 表示，其单位为帕·秒（Pa·s），即 $N\cdot s/m^2$。有时也用泊（P），或厘泊（cP）来代表，其间关系，可用下式表示

$$1P = 100cP = 10^{-1}N\cdot S/m^2$$

2) 运动黏度。

动力黏度 μ 与密度 ρ 之比称为运动黏度，又叫运动黏性系数，以 ν 表示，它等于

$$\nu = \frac{\mu}{\rho} \tag{6-2}$$

运动黏度的单位用 St 表示，叫作斯，斯的百分之一用 cSt 表示，叫作厘斯。

$$1cSt = 10^{-6}m^2/s$$

3) 相对黏度。

动力黏度与运动黏度只具有理论意义，无法直接测出，工程上常用另一种可以用仪器测出的黏度表示法，称之为相对黏度，或条件黏度。相对黏度的单位有几种，我国采用恩氏黏度，用 $°E_t$ 来表示。恩氏黏度与液体种类和温度有关，温度越高其值越小。工业一般给出在 20℃、50℃ 和 100℃ 三种温度下的恩氏黏度标准值，用 $°E_{20}$、$°E_{50}$ 和 $°E_{100}$ 来表示。知道了恩氏黏度后就可用下式求出运动黏度

$$\nu = 7.31°E_t - \frac{6.31}{°E_t} \tag{6-3}$$

图 6-1 所示为部分国产液压油的黏度-温度曲线，可供选用时参考。

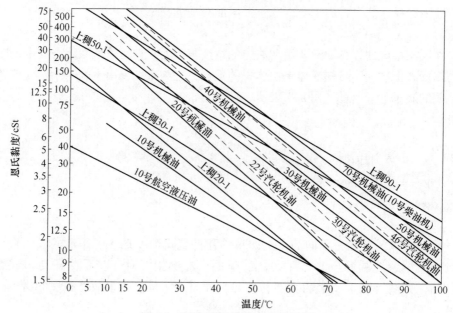

图 6-1　国产液压油黏度-温度曲线

6.1.2 液压油的化学性质

油容易与周围的物质起化学反应，使其油质变坏，这种反应都与油的化学性质有关。这里将简单介绍液压油的一些化学性质。

（1）腐蚀性。

液压油中常含有少量活性氯化物、硫化物以及低分子溶性有机酸等，对液压系统中的金属起腐蚀作用，因此应符合国家标准。

（2）热稳定性与氧化稳定性。

热稳定性是指液压油在高温下抵抗化学反应的能力，包括与周围物质的化学反应和自身的化合与分解；氧化稳定性是指液压油与含氧物（空气）起化学反应的能力。

（3）相容性。

液压油能够抵抗系统中各种材料起化学反应的能力叫相容性，例如密封件、软管、蓄能器膜片、油漆、颜料以及电绝缘物质等入油后变软、变硬或者液化等。故选油时应格外注意。

（4）抗乳化性与抗泡性。

液压油能使混入其中的水经搅拌成乳化液后，还能分离出来的能力称之为抗乳化性；而将混入液压油中并经搅拌成乳状液的空气现象叫作起泡，把气泡从油中分离出来的能力叫抗泡性。液压油中混入水或空气都会加速油的老化，还会使系统出现振荡和加重附件的锈蚀。因此这两个指标也十分重要。

（5）抗燃性。

所谓抗燃性是指液压油有较高的闪点、着火点和自燃点。其中，闪点是指液压油加热到一定温度时，将产生大量油雾，如将试验火源移近油面就会引起瞬间火焰，这一温度叫作液压油的闪点；着火点是指液压油在某一温度下当移近试验火源时不仅可以点燃，而且火焰可维持 5s 以上，这一温度便称之为着火点；至于自燃点则是指液压油在这一温度下的细小油滴在空中可以自行燃烧，这一温度便是自燃点。

6.1.3 液压油的主要性能指标

在选用液压油时要根据液压系统的特点，包括环境特点来确定。因此首先要了解各种液压油的性能指标。表 6-1 是常用国产液压油的主要性能指标。

6.1.4 液压流体的性质

（1）流体静力学。

1）压力。

静止流体在单位面积上所受的作用力称之为流体静压力，简称压力。今设流

表 6-1　常用国产液压油的主要性能指标

牌　号		50℃时运动黏度 ν_{50} /mPa·s	黏度指数 (不小于)	凝点/℃ (不高于)	闪点(开口) /℃ (不低于)	水分/%	酸值/mg (KOH)·g^{-1} (不大于)	机械杂质 /% (不大于)
上稠	20-1	12.51	105	163.5	-33	无	0.237	无
	30-1	18.67	>130	185.5	-49	无	0.131	无
	50-1	40.56	>130	174	-48.5	痕迹	0.123	无
	90-1	60.91	128	217	-27.5	无	0.063	无
兰稠	30-1	11.85	125	149	-32	无	0.034	0.0042
	40-1	29.66	144	149	-38	无	0.034	0.0041
	40-2	27.35	140	146	-37	无	0.0398	0.0048
10 号航空液压油		≥10		92	-70	无	0.05	无
精密机床液压油	20 号	17~33	90	170	-10	无		无
	30 号	27~33	90	170	-10	无		无
	40 号	37~43	90	170	-10	无		无
专用锭子油		12~14		163	-45	无	0.07	无
舵机液压油		7~8		135	-40	无	0.05	无
机械油	10 号	7~13		165	-15	无	0.14	0.005
	20 号	17~23		170	-15	无	0.16	0.005
	30 号	27~33		180	-10	无	0.20	0.007
	40 号	37~43		190	-10	无	0.35	0.007
汽轮机油	22 号	20~23		180	-15		0.02	无
	30 号	28~32		180	-10		0.02	无
变压器油		<9.6		135	-10~-45		0.05	无
11 号汽缸油		9~13		215	5		0.25	0.007
10 号柴油机油		67~73		210	0	痕迹	0.35	0.007

体的作用面积为 $A(\text{m}^2)$，其上所受到的力为 $F(\text{N})$，则在 A 面上产生的压力为 p，它等于

$$p = \frac{F}{A} \tag{6-4}$$

称量纲 N/m^2 为 Pa 或帕。工业中常用 10^6Pa 作为压力单位，称为 MPa 或兆帕。

　　2) 绝对压力与相对压力。

　　绝对压力是对绝对真空而言，一般压力通常指对一个大气压力而言，即相对

压力，也称表压，因为可以用压力表测量出来。显然，绝对压力等于相对压力与大气压力之和。

3）巴斯卡原理。

在一个密闭容器中，平衡流体的任一点压力 p 如有变化量 Δp，则流体中的所有点的压力都产生相同的变化量 Δp，这就是著名的巴斯卡原理。这是液压传动中的基本原理之一。

（2）流体动力学。

1）连续方程式。

理想流体（不可压缩和无黏性）在不同截面的管道中流动时的流量相等。这便是连续方程式的概念，例如图 6-2 流体流经 A_1 截面时的流速为 V_1，而流经 A_2 截面时的流速为 V_2，因此下式成立

$$A_1 \cdot V_1 = A_2 . V_2 \tag{6-5}$$

图 6-2　流体连续运动示意图

今设流速与对应截面的乘积为流量，用 Q 来表示，其量纲为 $\mathrm{m^3/s}$，或 $\mathrm{L/min}$，$1\mathrm{m^3/s} = 6 \times 10^4 \mathrm{L/min}$，因此式（6-5）可写成

$$Q_1 = Q_2 = 常数 \tag{6-6}$$

式（6-6）表明理想流体的流量在管道中流动时既不能增加也不能减少，这表明，流体在流动中具有连续性。

2）伯努利方程式。

经过证明可知下述方程式成立

$$H = h + \frac{p}{\gamma} + \frac{V^2}{2g} \tag{6-7}$$

式中　　H——常数，m；

　　　　h——单位重量流体的位能，m；

　　　p/γ——单位重量流体的压力能，m；

　$V_2/(2g)$——单位重量流体的动能，m。

式（6-7）表明理想流体在封闭的管道中流动时，其总能量不变，但三者之间可以相互转化，这便是伯努利方程式及其赋予的含义。例如在截面较粗的管道中流动时其流速低因而动能小，但其静压力较大，因此压力能大；而流经较细的管道时正相反，由于流速高，动能增大，但压力能却因此减小了。

3）流量方程式。

根据伯努利方程和实际流体流经薄壁小孔的液流损失可推出液压流体的流量公式

$$Q = \mu A \sqrt{\frac{2g}{\gamma} \Delta p} \tag{6-8}$$

式中　μ——流量系数，通常取 0.6~0.65；

　　　　A——薄壁小孔的过流面积，m^2；

　　　　Δp——薄壁小孔前后的压力差，Pa。

前面已提到，在液压系统中，流量 Q 的量纲也常常用升每分钟来表示，即 L/min。

（3）液压系统压力损失计算。

计算液压系统的压力损失在实际系统设计中是十分必要的，尤其对于 ASCH 抽油机更显得重要，因为它涉及整个系统的效率。液压系统的压力损失可分成沿程损失和局部损失。沿程损失主要是指在管路中的压力损失，而局部损失则主要指流体流经各种阀类、液压缸和滤油器等液压元部件时产生的压力损失。

1）沿程压力损失。

流体流经管道产生的压力损失与流体的流速、黏性、管内壁的光滑程度以及管长、管直径和管道的弯曲形状等因素有关。一般可用式（6-9）计算

$$\Delta p_L = \sum_{i=1}^{n} \lambda_i \frac{L_i}{d_i} \frac{\rho V_i^2}{2} \tag{6-9}$$

式中　L_i——各段管路长度，m；

　　　　d_i——各段管的内径，m；

　　　　V_i——各段管的平均流速，m/s；

　　　　ρ——流体密度，kg/m^3；

　　　　λ_i——各段管内流体沿程阻力系数，可以从文献［78］的表中查出。

2）局部压力损失。

局部压力损失包括流体流经方向和截面变化引起的压力损失和流经液压元部件产生的压力损失等两部分。

流体流经方向和截面变化引起的压力损失，由式（6-10）可以算出

$$\Delta p_r = \sum_{i=1}^{m} \xi_i \frac{\rho V_i^2}{2} \tag{6-10}$$

式中　ξ——局部阻力系数，可以从文献［78］的表中查出。

　　　　其他参数同式（6-9）。

流体流经各种液压元部件引起的压力损失可以从对应元部件产品样本中查到，也可以参考文献［78］中的有关表格。

3）系统总的压力损失。

液压系统中总的压力损失等于沿程压力损失加上局部压力损失，即

$$\Delta p = \sum_{i=1}^{n} \lambda_i \frac{L_i}{d_i} \frac{\rho V_i^2}{2} + \sum_{j=1}^{m} \xi_i \frac{\rho V_i^2}{2} + \sum_{k=1}^{z} \Delta p_k \tag{6-11}$$

式中，$\sum\limits_{k=1}^{z} \Delta p_k$ 为流体流经各种液压元部件时所产生的压力损失之和。

（4）液压系统的泄漏计算。

在液压元部件的内部各零件之间为了运动总要有一定的间隙，这便造成了泄漏。泄漏不仅损失了能量，降低了系统的效率，也极易污染环境。

液压流体的泄漏可用下列公式近似计算。

1）流体流经平行平面间隙的泄漏量计算公式为

$$\Delta Q = \frac{C^3 b \Delta p}{12\mu L} \tag{6-12}$$

式中　Δp——间隙两边的压差，Pa；

　　　C——间隙，m；

　　　μ——液压油的动力黏度，Pa·s；

　　　b——间隙宽度，m；

　　　L——间隙沿流动方向的长度，m。

2）流体流经环形间隙的泄漏量计算公式为

$$\Delta Q = \frac{\pi d C^3 \Delta p}{12\mu L}(1 + 1.5\varepsilon^2) \tag{6-13}$$

式中　d——环形间隙内径或小孔直径，m；

　　　C——间隙，m，$C = \dfrac{d_1 - d}{2}$；

　　　d_1——环形间隙的外径，m；

　　　ε——间隙的偏心度，等于轴（柱）孔之间的偏心距与 C 的比值。

式中其他参数与式（6-12）同。

由式（6-12）与式（6-13）两式看出，流体的泄漏量与间隙的立方成正比，可见要减小泄漏量必须严格控制各种液压元部件内各运动零件之间的间隙。这也是液压元部件比一般机械零件的加工精度要高的缘故。

（5）管路系统的效率计算。

所谓管路系统是指除去电动机、油泵及负载以外的液压系统。由前面的介绍可知管路系统存在两种损失，即压力损失和流量损失（泄漏）。因此也存在两种效率，即容积效率与机械效率。

1）容积效率。

若设 Q_M 为油泵给出的流量，Q_S 为回油流量，则容积效率为

$$\eta_v = \frac{Q_S}{Q_M} = \frac{Q_M - \Delta Q}{Q_M} \tag{6-14}$$

式中　　η_v——容积效率；

　　　　ΔQ——泄漏流量，见式（6-12）及式（6-13）两式。

2）机械效率。

设 p_M 为溢流阀或负载限定的系统最高压力，p_L 为负载压力，则管路系统的机械效率为

$$\eta_p = \frac{p_L}{p_M} = \frac{p_M - \Delta p}{p_M} \tag{6-15}$$

式中　　η_p——机械效率；

　　　　Δp——压力损失。

3）管路系统总效率。

管路系统总效率为容积效率与机械效率之积，即

$$\eta_3 = \eta_v \eta_p \tag{6-16}$$

式中　　η_3——管路系统总效率。

（6）液压系统的总效率。

计算出管路系统的总效率之后便可求出液压系统的总效率，它等于电动机效率 η_1、油泵总效率 η_2 与管路系统总效率 η_3 三者之积，即

$$\eta_\Sigma = \eta_1 \eta_2 \eta_3 \tag{6-17}$$

式中　　η_Σ——液压系统总效率；

　　　　η_1——电动机效率；

　　　　η_2——油泵的总效率。

式（6-17）中的电机效率 η_1 与油泵效率 η_2 皆可从手册中或产品样本中找到。关于油泵的效率还可在本章第 2 节中做一些介绍。

（7）液压冲击和气穴现象。

1）液压冲击。

在液压系统中当流体迅速换向或迅速切断时，会使流体的流动速度和方向急剧改变。由于流体和运动部件的惯性，使液压系统内部的压力突然升高或降低，这种现象称之为液压冲击。它是由于流体的动能骤然变成弹性能所产生的现象。液压冲击产生的压力有时比正常的最高压力还要高出几倍，它会使液压系统产生剧烈的振动和噪声，对系统极具破坏力。因此要尽量避免。

2）气穴现象。

在一定温度下，当流体的压力小于其饱和蒸汽压时，流体开始汽化，形成大

量的气泡混杂在油液中，此种现象称为气穴。

由于流体中常常溶解有 6% ~ 12% 的空气。当油压低到一定值时，这些空气便会从流体中分离出来，也形成所谓气穴现象。

气穴的出现对液压系统十分不利，当压力高时分离出来的气体又被流体溶解，当压力低时又会从流体中分离出来，使系统因此产生振动和噪声，还会使零件表面产生腐蚀（气蚀）。因此液压系统在工作前首先要排出气体，并设法防止最低压力过低的现象出现。

6.2 液压泵

在液压系统中液压泵作为液压能源是一种最关键的部件，它在电机的带动下将机械能转换成流体的压力能。液压泵的基本工作原理是在一个密闭的容腔内，依靠转子的旋转来改变容腔的体积，当容积由小变大时从油箱中吸入低压油；当容积由大变小时又排出高压油，因此油泵相当于人的心脏。这种靠容积变化来做功的泵称之为容积式液压泵，简称容积泵。

容积式液压泵的种类很多，有齿轮泵、叶片泵、柱塞泵、累杆泵和凸轮转子泵等。本章只拟简单介绍常用的前三种泵，即齿轮泵、叶片泵与柱塞泵。

6.2.1 齿轮泵

齿轮泵是靠一对啮合的齿轮将一个密闭容腔分成两部分——进油腔（低压腔）与出油腔（高压腔），通过齿轮的啮合转动不断将低压腔油压向高压腔，从而完成容积式液压泵的功能，见图 6-3。齿轮泵的优点是结构简单、

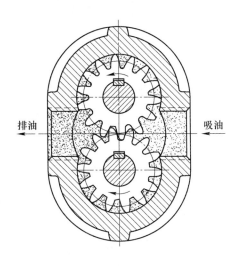

图 6-3 齿轮泵的工作原理图

体积小、重量轻、造价低、工作可靠和使用维修方便。缺点是流量不能改变
（称定量泵）、效率低和噪声大。齿轮泵的效率一般为 56%～80%，个别的可
到 90%。

6.2.2　叶片泵

　　叶片泵是另外一种容积式液压泵，它由定子（壳体）、转子、叶片和端盖等
四部分组成。叶片镶嵌在转子的槽内并能在槽内滑动，转子安装在定子内，但不
同心。即转子与定子两轴心间有一个偏心距。当转子高速转动时，靠离心力和其
后产生的通入槽内的油压将叶片向外推动，使其紧紧靠在定子的圆柱形内壁上，
这样每两个叶片之间就形成一个封闭的容腔。每个容腔的容积都在随转子转动的
位置不同而连续改变，见图 6-4。若按逆时针的方向旋转，右半部的叶片逐渐伸
出，即容腔增大，形成真空因而从进油口吸油；左半部的叶片逐渐缩短，容腔随
之减小，将油增压并由排油口压出。这种叶片泵叫作单作用叶片泵，其优点是结
构简单，并可做成定量泵与变量泵。所谓变量泵的工作原理即是通过一种结构形
式改变转子与定子的偏心距，显然偏心距越大，每个容腔的容积变化越大，因而
单位时间内打出的油就越多，即流量越大。这种泵的缺点是受力不均匀，轴承负
荷较大，不易用于高压。

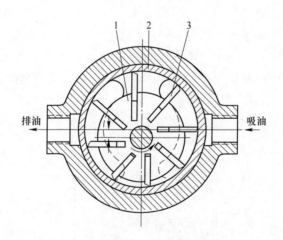

图 6-4　单作用叶片泵的工作原理图

　　另一种叶片泵的转子与定子同心，定子内壁呈椭圆形，随着转子的转动，各
个封闭腔的容积仍然是连续变化，即由小到大——与进油口相通；再由大到小
——与排油口相通。这种叶片泵称之为双作用叶片泵。由于受力对称，可做成高
压泵。双作用叶片泵的优点是流量大、压力高、结构紧凑和受力均匀。

　　叶片泵的总效率为 0.42～0.78。

6.2.3 柱塞泵

柱塞泵是容积式液压泵中性能最好、效率最高、压力最高、噪声小，并且是流量可调的一种优质液压泵，其最高压力可达 60MPa，最大流量 400L/min 以上，可以做成定量泵，也可做成变量泵，其中包括手动变量泵与伺服变量泵两种。其容积效率可达 0.9~0.98，总效率可达 0.8~0.9。柱塞泵又分成径向柱塞泵与轴向柱塞泵。这里只介绍后者，因为轴向柱塞泵应用得最多。

（1）轴向柱塞泵的基本工作原理。

轴向柱塞泵的基本工作原理如图 6-5 所示。柱塞 3 装在缸体 4 内，并沿轴向圆周均匀分布。缸体 4 由转动轴 1 带动旋转。斜盘 2 和所谓配流盘 5 固定不动。柱塞占有的小圆柱形腔的右侧装有弹簧，依靠弹簧的预紧力将柱塞的左端紧紧压在斜盘上。配流盘 5 的平面上有两个环形槽 a 和 b，其中槽 a 的右侧平面与进油口相通，左侧平面与一部分柱塞腔相通；而环形槽 b 的右侧平面与排油口相通，左侧平面与另一部分的柱塞腔相通。当传动轴 1 带动缸体 4 旋转时在斜盘的作用下，必然有近一半的柱塞由柱塞腔中向外伸出；而同时又有另一半的柱塞被迫缩回柱塞腔。如按顺时针方向旋转，那些伸出柱塞的柱塞腔依次与配流盘的 a 口相通，因此吸油；另一部分被迫逐渐缩回柱塞的柱塞腔油液被压迫形成高压并依次与配流盘的 b 腔相通，因此将高压油排出。缸体每转动一周，每个柱塞都吸一次油，排一次油，完成一次往复运动。每周总的排油量为全部柱塞腔的排油量总和。由于缸体连续转动便有高压油源输给液压系统。

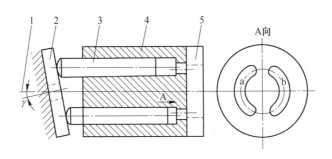

图 6-5　轴向柱塞泵的工作原理图

由图 6-5 看出，斜盘 2 与缸体 4 的轴线须成 γ 角才能引起柱塞在柱塞腔内往复运动。当柱塞直径及缸体转速固定后，泵的流量即取决于柱塞往复运动的行程，而柱塞运动的行程自然取决于斜盘的角度 γ。显然，当角度 γ 为零时，柱塞的行程为零，打出的流量也为零。因此所谓变量泵即可连续改变斜盘的角度 γ。而定量泵即将 γ 角固定。

（2）典型轴向柱塞泵。

典型的轴向柱塞泵应该是 CY 型轴向柱塞泵。图 6-6 便是这种泵的结构图。

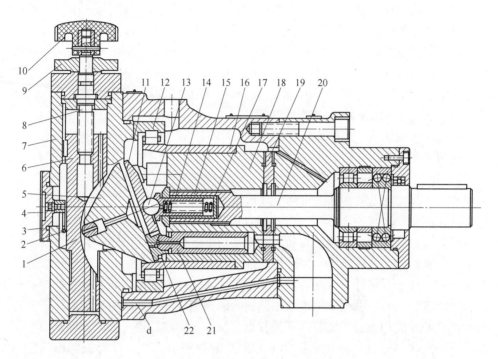

图 6-6　CY 型轴向柱塞泵结构图

1—销轴；2—销子；3—拔叉；4—度盘；5—斜盘；6—柱塞；7—变量壳体；8—螺杆；

9—锁紧螺母；10—调节手轮；11—回程盘；12—滚柱轴承；13—钢球；14—内套；

15—外套；16—钢套；17—定心弹簧；18—缸体；19—配流盘；

20—传动轴；21—柱塞；22—滑履

图的中右部分为泵的主体，传动轴 20 通过花键带动缸 18 旋转，使均匀分布在缸的结构组成体内的 7 个柱塞 21 绕传动轴的中心线旋转。每个柱塞头部都装有滑履 22，柱塞的球头装在滑履球窝内并可以自由转动，但不能脱开。定心弹簧 17 通过内套 14、钢球 13 和回程盘 11 将滑履压紧在斜盘上。因此当缸体旋转时，柱塞就在柱塞孔内往复运动，即使在吸油时滑履也能保证与斜盘接触，从而使泵具有自吸能力。此外，定心弹簧又通过其外套 15 将缸体压在配流盘上，起初始密封作用。缸体由铅铁青铜制成，外面镶有钢套 16，并装在滚柱轴承 12 上，滚柱轴承可以承受斜盘加给缸体的径向分力，使传动轴与缸体不受弯矩，保证缸体端面能与配流盘 19 较好地接触。

在 CY 型轴向柱塞泵中滑履与斜盘、缸体和配流盘是两对重要的滑动摩擦副。为减小磨损，在这两对摩擦表面之间都采用了静压支承的结构，柱塞和滑履的中心都开有小孔，柱塞腔中的高压油可以经小孔进入柱塞球头与滑履之间，以形成静压支承。同时又通过滑履中心的小通孔使压力油进入滑履与斜盘之间，使其产生油膜，在两者之间滑动时只有油的黏性摩擦，使摩擦力很小，而且磨损也极其微小。

图 6-6 的左侧为油泵的变量机构，这里仅介绍手动变量机构（伺服变量机构和压力补偿变量机构可参阅文献［72，75，77］）。泵的变量机构包括斜盘和斜盘的操纵部分，图中柱塞 6 用导向键装在变量壳体 7 内，并和螺杆 8 用螺纹连接。斜盘在垂直于图面的两端各有一个耳轴支承在壳体上的两块铜瓦上，转动调节手轮 10 时，柱塞 6 即上下移动。在柱塞 6 上装有销轴 1，当柱塞 6 移动时就通过销轴 1 使斜盘 5 绕耳轴的中心摆动，最大摆角为 20°30′。当柱塞 6 移动时，同时通过销子 2 和拨叉 3 带动度盘 4 转动，以便观察所调节的流量大小。调好流量后用锁紧螺母 9 固定。

（3）轴向柱塞泵的流量计算。

当轴向柱塞泵转动一周时，每个柱塞腔的理论排量 $q_i(\mathrm{m^3/r})$ 为

$$q_i = \frac{1}{4}\pi d^2 S \tag{6-18}$$

式中　d——柱塞直径，m；
　　　S——柱塞行程，m。

今设柱塞中心在缸体上的分布圆直径为 $D(\mathrm{m})$，则

$$S = D\tan\gamma \tag{6-19}$$

式中　γ——斜盘倾角。

将式（6-19）代入式（6-18）中得出

$$q_i = \frac{1}{4}\pi d^2 D\tan\gamma \tag{6-20}$$

因此，油泵每转的理论排量 $q(\mathrm{m^3/r})$ 为

$$q = \sum_{i=1}^{z} \frac{1}{4}\pi d^2 D\tan\gamma = \frac{1}{4}\pi d^2 DZ\tan\gamma \tag{6-21}$$

式中　Z——柱塞个数。

油泵在转速为 V 时的理论流量 $Q(\mathrm{m^3/s})$ 为

$$Q = \frac{1}{240}\pi d^2 DZV\tan\gamma \tag{6-22}$$

式中　V——油缸的转速，r/min。

考虑到油泵的容积效率 η_{2v}

$$Q = \frac{1}{240}\pi d^2 DZV\eta_{2v}\tan\gamma \tag{6-23}$$

式中　　η_{2v}——油泵的容积效率。

若令 $m^3 = 10^3 L$，则式（6-23）也可写成

$$Q = Vq\eta_{2v} \times 10^3 = \frac{1}{4}\pi d^2 DZV\eta_{2v} \tan \gamma \times 10^3 \qquad (6\text{-}24)$$

以上计算公式是平均流量公式，实际上柱塞泵的流量是脉动的。因为每一个柱塞腔的流量都是正弦函数。这些流量在彼此相差 $\dfrac{2\pi}{Z}$ 相角的时间坐标上相叠加便是油泵的瞬时流量。应该说明每个瞬时的流量是由该时处于排油状态的柱塞腔流量之和。可见这些子流量相叠加之后的总流量还是一条平均值为水平线的周期函数。理论与实践证明当柱塞数为奇数时，这种周期函数的幅值较少。故 CY 泵的柱塞数为 7。

（4）轴向柱塞泵的效率。

油泵在接受电动机赋予的机械能量后并不能全部转化成流体的能量，有部分能量被消耗。因为流量有泄漏、各个摩擦副产生的摩擦也消耗了部分能量，因此油泵也存在一个效率问题。轴向柱塞泵的总效率是输出的实际功率与输入功率之比，即

$$\eta_2 = \frac{P_L}{P_r} \qquad (6\text{-}25)$$

式中　　η_2——轴向柱塞泵的总效率；

　　　　P_L——轴向柱塞泵输出的实际功率；

　　　　P_r——轴向柱塞泵的输入功率。

由于上述摩擦力的存在，油泵输出的理论功率与油泵的输入功率之比定义为机械效率，并用 η_{2m} 来表示，它等于

$$\eta_{2m} = \frac{P_0}{P_r} \qquad (6\text{-}26)$$

式中　　η_{2m}——轴向柱塞泵的机械效率；

　　　　P_0——轴向柱塞泵的理论输出功率。

由于上述流量泄漏的存在，油泵的输出功率并不等于油泵的理论输出功率，两者之比称为轴向柱塞泵的容积效率，用 η_{2v} 来表示。它等于

$$\eta_{2v} = \frac{P_L}{P_0} \qquad (6\text{-}27)$$

由于

$$P_L = p_L Q_L \qquad (6\text{-}28)$$

式中　　p_L——轴向柱塞泵的输出压力（或负载压力），Pa；

　　　　Q_L——轴向柱塞泵的输出流量（或负载流量），m^3/s 或 L/min。

$$P_0 = p_L Q_0 \tag{6-29}$$

式中　Q_0——轴向柱塞泵的理论输出流量。

将式（6-28）、式（6-29）代入式（6-27），得出

$$\eta_{2v} = \frac{Q_L}{Q_0} \tag{6-30}$$

将式（6-26）与式（6-27）分别代入式（6-25）得到轴向柱塞泵的效率公式

$$\eta_2 = \eta_{2m}\eta_{2v} \tag{6-31}$$

6.2.4　液压马达

液压马达是液压系统中一种转动型执行机构，正像电动机在电力拖动中所起的作用那样，它是将流体的压力能转变成旋转型机械能。但是由于液压系统中有另一种直线运动的执行机构——液压缸的存在，液压马达的作用相对小了一些。主要用于低速旋转系统。

液压马达的类型主要有齿轮马达、叶片马达和柱塞马达。正像电动机与发电机具有相互可逆的特点一样，液压泵与液压马达也是相互可逆的。因此理论上讲，齿轮马达可以用齿轮泵代替，叶片马达可用叶片泵代替，同理柱塞马达可以用柱塞泵代替。因此对应的泵与马达在结构上是相同的。当然，也像电动机与发电机一样，由于使用中的一些具体要求。现在的泵与马达实际上是不能互换的。有关各种液压马达的详细结构与特点请参阅文献［72，73，77］。

6.2.5　液压泵与液压马达的符号表示法

液压元件也像电子元件一样，为了画图的方便，每种元件都用一个符号来代替。液压泵共分成定量泵与变量泵、单向泵与双向泵。所谓单向泵是指一个方向旋转，因而进、出油口固定，而双向泵则是可以两个方向旋转，因此进、出油口也是互换的。液压马达也分定量液压马达与变量液压马达、单向与双向液压马达。液压泵与液压马达的图形符号见表6-2。

表 6-2　液压泵及液压马达图形符号表示法

类　型	定量液压泵		变量液压泵		定量液压马达		变量液压马达	
液压元件名称	单向定量液压泵	双向定量液压泵	单向变量液压泵	双向变量液压泵	单向定量液压马达	双向定量液压马达	单向变量液压马达	双向变量液压马达
图形符号								

6.3　液压缸

　　液压缸也称油缸，是液压系统中最主要的执行机构，它是将流体的压力能转变成直线运动的机械能。当然对于少数的摆动油缸又将压力能转变成摆动的机械能。液压缸的优点是传动平稳，易于低速，而且功率大、效率高、寿命长和噪声小。液压缸的种类很多，详见表 6-3。

表 6-3　液压缸的主要类型

类　型		图　示	符　号	说　明
柱塞缸				柱塞仅单向运动，反向运动通常利用自重，载荷或其他外力
活塞缸	单杆双作用			活塞的一侧装有活塞杆，活塞双向运动
	单杆单作用			活塞仅单向运动，反向运动通常利用弹簧力，重力或其他外力
	双杆双作用			活塞正反移动的速度和行程皆相等
	双杆双向			两个活塞同时向相反方向运动
伸缩缸	单作用			柱塞为多段套筒形式，由外力使柱塞返回
	双作用			活塞杆为多段套筒形式，活塞可双向运动
组合缸	复合缸			双活塞串联，中间两腔构成双作用缸，右腔通蓄能器或其他辅助压力油，以抵消变载影响，左腔放空或通油箱的液面以上
	增压缸（增压器）			由两个不同的压力腔 A 和 B 组成，可以提高 B 腔压力

6.3.1 液压缸的结构组成

本节将以常见的双作用单活塞杆液压缸为例，介绍液压缸的结构组成。

图6-7是一种双作用单活塞杆液压缸的结构图，它由缸底20、缸筒10、缸盖兼导向套9、活塞11和活塞杆18组成。缸筒右端与缸底20焊接，左端与缸盖（导向套）9的左端用卡键6、套5和弹簧挡圈4固定，以便于拆装检修。缸筒两端设有进、回油口A与B。活塞11与活塞杆18用卡键15、卡键帽16和弹性挡圈17连在一起。活塞与缸筒的密封采用一对Y型聚氨酯密封圈12，由于活塞与缸筒之间有一定间隙，采用由尼龙1010制成的耐磨环（支承环）13定心导向。活塞杆18和活塞11的内孔由密封圈14密封。较长的导向套9则可保证活塞杆不偏离中心，导向套外径由O型圈7密封，内孔安装的Y型密封圈8和防尘圈3能分别防止油液外漏和灰尘带入缸内。油缸通过缸底上的销孔和活塞杆左端头的销孔与外界连接，两个销孔内有尼龙衬套抗磨，或装有滚珠（柱）轴承，以减小转动摩擦。

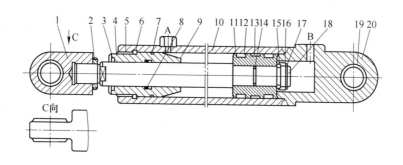

图6-7　双作用单活塞杆液压缸结构图

1—耳环；2—螺母；3—防尘圈；4，17—弹簧挡圈；5—套；6，15—卡键；7，14—O形密封圈；8，12—Y形密封圈；9—缸盖兼导向套；10—缸筒；11—活塞；13—耐磨环；16—卡键帽；18—活塞杆；19—衬套；20—缸底

液压缸的工作原理很简单，由图6-7可知，液压缸右端与液压系统的基座相连接，活塞杆的左端与负载相连。当高压油从A口进入左腔时，压力油分别作用在液压缸的左端盖与活塞的左端面上。在液压缸左端盖产生的作用力被液压系统的基座平衡掉，而作用在活塞上的力便由活塞杆带动负载向右运动。反之，当高压油由B口进入液压缸右腔时，活塞便带动负载向左运动。

液压缸是一种较为精密的机械结构，为了保证小体积能够输出大功率，一般油压都比较高，因此缸筒都采用无缝钢管，有时甚至用合金钢制成；为防止泄漏和减小摩擦力，缸筒以及活塞杆端盖的几何精度要求很高，如椭圆度、同轴度等，另外硬度、光洁度也要求很高。密封件也在不断改进，现在活塞及活塞杆都使用组合密封，既能减小摩擦力又能提高寿命。好的液压缸其摩擦力可以小到 0.1MPa，即在 0.1MPa 压力下便能启动，较大些的有 0.5~0.6MPa。液压缸的寿命可到 3×10^4h。另外，为了防止和减少换向时的机械碰撞和液压冲击，在液压缸中还多设有缓冲装置。

关于液压缸的详细结构和设计可参考文献 [72]。

6.3.2　液压缸的计算

（1）液压缸的流量方程。

设图 6-7 所示液压缸的内径为 $D(\mathrm{m})$，活塞杆直径为 $d(\mathrm{m})$，液压缸的机械效率为 η_{cm}，容积效率为 η_{cv}，则左腔的流量方程为

$$Q_{\mathrm{L1}} = \frac{V_1 A_1}{\eta_{\mathrm{cv}}} \tag{6-32}$$

式中　Q_{L1}——进入左腔的液压油流量，$\mathrm{m^3/s}$；

　　　　V_1——活塞右行时的速度，$\mathrm{m/s}$；

　　　　η_{cv}——液压缸的容积效率；

　　　　A_1——活塞右侧面的有效面积，$\mathrm{m^2}$，$A_1 = \frac{1}{4}\pi(D^2 - d^2)$。

右腔的流量方程为

$$Q_{\mathrm{L2}} = \frac{V_2 A_2}{\eta_{\mathrm{cv}}} \tag{6-33}$$

式中　Q_{L2}——进入右腔的液压油流量，$\mathrm{m^3/s}$；

　　　　V_2——活塞左行时的速度，$\mathrm{m/s}$；

　　　　η_{cv}——液压缸的容积效率；

　　　　A_2——活塞右侧面的有效面积，$\mathrm{m^2}$，$A_2 = \frac{1}{4}\pi D^2$。

当用同一油泵供油时，$Q_{\mathrm{L1}} = Q_{\mathrm{L2}}$，由式（6-32）及式（6-33）两式知，此时

$$\frac{V_1}{V_2} = \frac{A_2}{A_1} = 1 - \left(\frac{d}{D}\right)^2 \tag{6-34}$$

可见有杆腔（左腔）通油时活塞的移动速度比无杆腔（右腔）通油时活塞的移动速度要快，当 $d = \frac{1}{2}D$ 时，两者速度之比为 4：3。

对于双活塞杆双作用液压缸，$A_2 = A_1 = \frac{1}{4}\pi(D^2 - d^2)$，因此两边的速度相等，即

$$V = V_1 = V_2 = \frac{Q_L \eta_{cv}}{A} = \frac{4Q_L \eta_{cv}}{\pi(D^2 - d^2)} \tag{6-35}$$

（2）液压缸的力方程。

若设高压油从图 6-7 的 A 口进入液压缸的左腔，而右腔 B 口回油，并设进油压力为 p_L，回油压力为 p_0，则力方程为

$$F_1 = (A_1 p_L - A_2 p_0)\eta_{cm} = \frac{\pi}{4}[D^2(p_L - p_0) - d^2 p_L]\eta_{cm} \tag{6-36}$$

式中　F_1——活塞杆产生的拉力，N；

　　　p_L——负载压力，Pa；

　　　p_0——回油压力，Pa；

　　　η_{cm}——液压缸的机械效率。

若高压油从 B 口进入液压缸右腔，A 口回油，则力方程为

$$F_2 = (A_2 p_L - A_1 p_0) = \frac{\pi}{4}[D^2(p_L - p_0) + d^2 p_0]\eta_{cm} \tag{6-37}$$

式中　F_2——活塞杆产生的压力，N；

　　　p_L——负载压力，Pa；

　　　p_0——回油压力，Pa；

　　　η_{cm}——液压缸的机械效率。

可见当负载压力 p_L 及回油压力 p_0 不变时，活塞产生的压力 F_2 大于活塞产生的拉力 F_1。

当液压缸为双作用双活塞杆时，由式（6-36）及式（6-37）两式看出

$$F = F_1 = F_2 = A(p_L - p_0)\eta_{cm} \tag{6-38}$$

显然，对于双作用双活塞杆液压缸，两个方向产生的液压力是相同的。

从以上的流量方程与力方程的推演中看出，双作用双活塞杆液压缸的性能是最好的。对于液压伺服系统，为了提高系统的稳定性和动、静态品质都采用双活塞杆的液压缸，而对于很多双向速度要求相同的液压传动系统也采用双活塞杆液压缸。当然也有很多液压系统，如机床，希望进刀即带载时速度慢，而退刀即空载时速度快。这就需要单活塞杆液压缸。

（3）液压缸的效率。

液压缸与液压泵一样，也存在效率问题。因为再好的密封件，也会有泄漏存在，即高压油通过活塞与缸筒之间的间隙向低压腔渗漏，因此出现了容积效率问题；另外活塞与缸筒之间也会有摩擦存在，消耗了一部分液压能，这便是液压缸的机械效率。今用 η_{cv} 代表液压缸的容积效率，用 η_{cm} 代表液压缸的机械效率，则液压缸的总效率为

$$\eta_c = \eta_{cm}\eta_{cv} \tag{6-39}$$

上式可从下面的推导中得出。

设液压缸的输入功率为 P_C，为简化推导，这里设回油压力 $p_0 = 0$，并取双活塞杆的液压缸为例，则

$$P_C = p_L Q_L \tag{6-40}$$

式中　P_C——液压缸的输入功率，W；

　　　　p_L——液压缸的输入压力，Pa；

　　　　Q_L——液压缸的输入流量，m^3/s。

液压缸的输出功率为

$$N_{CL} = FV \tag{6-41}$$

令式（6-38）中 $p_0 = 0$ 并与式（6-35）一同代入式（6-41），得出

$$N_{CL} = A p_L \eta_{cm} \cdot \frac{Q_L \eta_{cv}}{A} = p_L Q_L \eta_{cm} \eta_{cv} \tag{6-42}$$

将式（6-40）代入式（6-42），并设液压缸的总效率为 η_c，则得出

$$\eta_c = \eta_{cm} \cdot \eta_{cv} = \frac{N_{CL}}{N_C} \tag{6-43}$$

6.3.3　液压缸基本参数的确定原则

液压缸的基本参数不外乎是缸的内径、活塞杆的外径和液压缸的行程。一般液压缸的行程由负载的移动行程来决定。但液压缸的内径与活塞杆的外径，在负载确定后，却有个设计问题。

（1）确定液压缸内腔。

1）压力油输入无杆腔。

令式（6-37）中 $p_0 = 0$，则可由此得到液压缸内径 $D(m)$ 的计算式

$$D = 2\sqrt{\frac{F_2}{\pi p_L \eta_{cm}}} \tag{6-44}$$

对于橡胶密封圈可取 $\eta_{cm} = 0.95$，则上式又可化成

$$D = 1.158\sqrt{\frac{F_2}{p_L}} \tag{6-45}$$

2）压力油输入有杆腔。

令式（6-36）中 $p_0 = 0$，可推出液压缸内径 $D(m)$ 的计算式

$$D = \sqrt{1.340\frac{F_2}{p_L} + d^2} \tag{6-46}$$

在计算时 D 值应取上两式中之最大值。

（2）确定活塞杆直径。

活塞杆外径的确定要考虑下列两个条件：

1）强度。可根据载荷大小、行程长短、拉压情况来计算和确定一个数值，称之为最小值。即在任何情况下都不能小于此值。

2）速度比选择。速度比可用下式表示

$$\varphi = \frac{D^2}{D^2 - d^2} \tag{6-47}$$

式中　　φ——速度比。

φ 的选择可根据负载的具体要求，以及压力的高低来确定。一般推荐值可参考表 6-4。

表 6-4　液压缸速度比 φ 的推荐表

压力/MPa	≤10	12.5~20	>20
速度比 φ	1.33；1.46	1.46；2	2

6.4　液压控制阀

在液压系统中用来控制流体的压力、流量和方向的元件总称为液压控制阀。在液压系统中除了本章已经介绍过的能源部分，即液压泵和执行机构，即液压缸及液压马达外，还有控制部分，即本节将要介绍的液压控制阀和下一节将要介绍的能源的辅助部分，即液压辅件。

6.4.1　液压控制阀的分类

液压控制阀的种类繁多，通常可分成下列四大类：

（1）压力控制阀，显然是控制和调节液压系统中流体压力的阀类，如溢流阀、减压阀、顺序阀和压力继电器等；

（2）流量控制阀，它是一种用来控制和调节流体流量的阀类，如节流阀、调速阀和同步阀等；

（3）方向控制阀，这种阀是用来改变液压系统中流体的方向，如单向阀、液控单向阀和换向阀等。

（4）伺服阀与比例阀，两者都是一种电液转换器，主要用在液压伺服系统中。另外，液压控制阀根据连接方式又有管式连接、板式连接和法兰连接之分。所谓管式连接是将阀直接连接在管路中间，这种连接方式的优点是结构简单，更改设计方便。缺点是比较分散，装卸不够方便，而且连接处的密封性较差。所谓板式连接是将各种阀集中安装在一块集成块上，这种连接方式的优点很多，它可以使整体布局整齐美观，而且装卸方便，利于操纵和调整。至于法兰连接主要用在流量巨大的阀类，优点是密封性好，但结构尺寸较大。

液压控制阀的图形符号分别画在各自的原理图中，不再单列。

6.4.2　压力控制阀

如前所述压力控制阀主要包括溢流阀、减压阀、顺序阀和压力继电器。这里只介绍溢流阀、减压阀与压力继电器，有兴趣者可参考文献 [72~75, 77]。

6.4.2.1　溢流阀

（1）溢流阀的分类。

溢流阀是压力控制阀中最主要的阀类，其用途有以下两种。

1）安全阀，将溢流阀装在高压油路中，当油压高于规定值时，溢流阀的回油口自动打开将多余油液排回油箱。当油压恢复到规定值时，回油口自动关闭。这类阀是常闭阀，其调压误差一般为 20%左右。

2）溢流阀，将溢流阀安装在定量油泵的出口处，起调压和保压作用，相当于电子线路中的稳压器。一般根据负载的需要将溢流阀的调定压力调到所需值。当系统压力憋高时溢流阀的回油口开大，让更多的油流回油箱，以降低压力；当压力因故低于设定值时，溢流阀的回油口自动关小，以减小回油，使压力回到设定值。因此溢流阀是常开阀。

（2）溢流阀的工作原理和结构组成。

图 6-8 是先导式溢流阀的工作原理图，该阀在结构上可分成两部分，下部分为主阀，上部分为先导调压锥阀。压力油从进油口 P 进入油腔 A 并作用在主阀芯 1 的下端面。同时压力油又通过阻尼小孔 a 进入油腔 B 与 C，并作用在主阀芯的上端面和先导调压锥阀 3 上。当进口压力低于先导阀的开启压力时，锥阀在先导弹簧 4 的作用下关闭阀口，于是进入溢流阀内的压力油呈静止状态，因此主阀上下的压力相等。由于主阀芯上端的有效面积略大于下端的有效面积，故上端的液压力也略大于下端的液压力，再加上上端有主弹簧 2 的预紧力，使主阀芯被牢牢地压在阀口上，将通向回油口 O 的溢流通道堵死。当进油压力升高时，先导锥阀被打开，于是腔 C 中的油有一部分便经锥阀口、先导弹簧腔、腔 B 和回油口 O 流回油箱。由于压力油在流动，经过阻尼孔 a 的压力油产生压降，使得腔 B 的油压低于腔 A 的油压，也即主阀芯下端的液压力大于其上端的液压力与主弹簧力之和。因此主阀芯上移，打开了溢流口，使来自油源的高压油一部分流回油箱。油压越高锥阀被打开的口越大，流回的流量越大，因而阻尼孔的流速越高，压力损失越大，主阀芯开启的也越大，因此溢流越多，直到压力恢复到设定值，才达到了动态平衡。此时溢流阀的先导阀及主阀各停留在一个对应的平衡位置。图 6-8 中 5 为调压螺栓，通过调压螺栓可以调整先导弹簧的预紧力，即改变溢流阀的调定值。

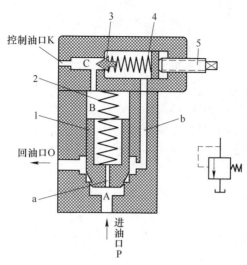

图 6-8 先导式溢流阀的工作原理图
1—主阀芯；2—主弹簧；3—先导锥阀；4—先导弹簧；5—调压螺栓

先导溢流阀是二级阀，先导阀可以做得很小，经由它的溢流很小，先导弹簧 4 的刚度也很低，因此非常灵敏，第二级主阀起着放大作用。主弹簧的刚度也不高，主要起到克服主阀芯重量和摩擦力的作用。当主阀芯因溢流量不同而停在不同位置时，对腔 A、B 的压力差影响不大，因此调节误差也很小。

图 6-9 所示的是一种 Y_2 型溢流阀，即属于这种结构形式。其主阀芯与阀座和阀套有两处配合，主阀芯的外圆柱面和锥面必须保证有较高的同轴度，所以常称此种阀为二级同心溢流阀。它具有结构紧凑，加工容易、装配方便和主阀芯不易卡住等优点。

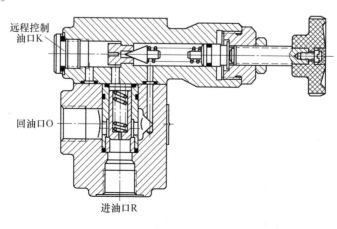

图 6-9 Y_2 型溢流阀

　　先导式溢流阀还可实现远程调节，即将图6-9中的远程控制油口（或称遥控口）K用油管接到另一个远程调压阀上，便可在远处调节溢流阀的压力。所谓远程调压阀实际上就是一个先导阀。使用远程调压时要把溢流阀本体上的先导阀调到高于使用的最高压力，相当于一个安全阀。

　　先导式溢流阀也可做成带有电磁卸荷阀的所谓电磁溢流阀。它是在溢流阀上面加装一个所谓二位四通电磁换向阀（本节将要介绍），并将遥控口与回油口接入换向阀内。当电磁铁通电时换向阀芯被吸引，使遥控口与回油口导通，因而腔B压力接近于零，主阀芯被推到最高位置，使得进油口的压力也很低，达到了主油路卸荷的目的。

　　电磁溢流阀有常闭和常开的两种类型，所谓常闭式是指电磁铁通电时卸荷，而常开式是指电磁铁断电时卸荷，通电时正常工作。

　　如果将先导阀单独作为溢流阀使用，也能完成调压任务，称之为直动式溢流阀，这种阀的优点是结构简单，稳定性好，但精度低。一般适用于简单的液压传动系统。

　　（3）溢流阀的主要性能。

　　1）压力与流量特性。

　　溢流阀的额定压力与额定流量是它允许的最大压力与最大流量。一般还可通过调换先导弹簧的刚度，来增加溢流阀的调压范围。例如Y_2型溢流阀的总调压范围为0.6~32MPa，若用4根弹簧又可把其调压范围分为0.6~8MPa、4~16MPa、8~20MPa和16~32MPa四级。溢流阀最小流量可以为额定流量的15%。小于此值就可能影响阀的稳定性。

　　2）稳态特性。

　　溢流阀的调定压力在溢流量发生变化时会出现一些波动，其波动的大小可用溢流阀的启闭性来表示。所谓启闭特性，是指溢流阀开启瞬间的压力与额定流量下的调定压力之比（称开启特性）与闭合瞬间的压力与调定压力之比（称闭合特性）。这两个比值越高越好，它表明液压系统的压力接近恒定。

　　3）动态特性。

　　当液压系统的工作状态突然发生变化时，压力会突然升高或降低，经过一段短暂时间后又回到原先的调定值。这种压力波动便是溢流阀的动态特性。一个好的溢流阀其压力动态超调量应在调定压力值的20%以内，并且能在几十毫秒内恢复到调定值。

6.4.2.2　减压阀

　　减压阀是一种利用阀口缝隙节流的原理使阀的出口压力低于进口压力，并且能根据需要保持或调整阀的出口压力，这种阀称之为减压阀。减压阀又分成定值减压阀、定差减压阀和定比减压阀。所谓定差减压阀是使阀的进出口压差为常值；定比减压阀是使阀的进出口压力之比为常值。这里只介绍定值减压阀，而且是先导式定值减压阀。

图 6-10 所示是先导式定值减压阀（简称减压阀）的工作原理图。显然，这种阀的结构与先导式溢流阀很相似，同样有先导阀与主阀两部分。高压油，也称一次压力油从油口 P_1 进入，低压油，也称二次压力油从油口 P_2 排出。阀口缝隙 h 能随进出口压力变化而自动调节，使二次压力基本上保持不变。减压阀工作时，出油口的二次压力油通过小孔 c 进入主阀芯 1 的下腔，并经过中心阻尼小孔 b 进入主阀芯的上腔，又通过孔 a 作用在先导锥阀 3 上。当出口压力低于减压阀的调定压力时，锥阀 3 在先导弹簧 4 的作用下关闭导阀阀口，使主阀芯上下两腔的油压相等，在主阀弹簧 2 的作用下，主阀芯向下移动，从而增大了节流阀口 h，节流损失减小，因而出口压力上升，直到等于调定值时为止。当出口压力超过调定值时，锥阀 3 被打开，使少量的二次压力油经锥阀从泄油口 L 排出。此时由于流经节流小孔 b 的流速增加，因而阻尼损失加大，使主阀下腔的压力大于上腔的压力，当此压差力大于主弹簧 2 的弹力时，主阀芯上移，使节流口 h 减小，从而增加节流损失，使出口压力降低，直到降到原来的调定值时为止。

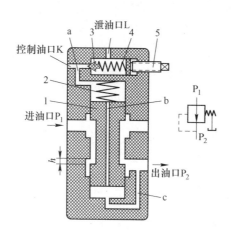

图 6-10　先导式减压阀的工作原理图
1—主阀芯；2—主弹簧；3—锥阀；4—先导弹簧；5—调压螺栓

减压阀的调定压力可以用调压螺栓 5 来改变。如果将控制口 K 与远程调压阀连接又可远程调压。这里应注意的是泄漏口 L 必须直接通油箱。

图 6-11 为 J 型减压阀的结构图，其压力调整范围为 0.6～31MPa，同样也可分为 0.6～8MPa，0.4～16MPa，8～20MPa，16～31MPa 四档。额定流量为 40～500L/min。

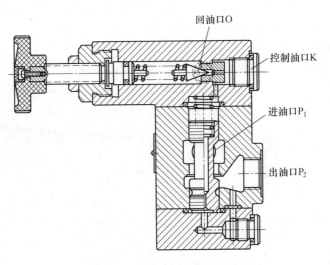

图 6-11　J 型减压阀的结构图

6.4.2.3　压力继电器

压力继电器是一种开关式液电转换器,它是利用液压力与弹簧力平衡的作用原理,控制电器触点的接通与断开。压力继电器在液压系统中起安全保护作用,如放入油源中当油压过高时可使电机自动断电停机。压力继电器的缺点是寿命短,不适于经常开闭。关于压力继电器的详细研究可参考文献〔72,74〕。

6.4.3　流量控制阀

如前述流量控制阀主要包括节流阀、调速阀和同步阀三种。这里将介绍节流阀与调速阀。

6.4.3.1　节流阀

节流阀的功能是用来改变通过的流量,其基本原理是用对液流产生压力损失来调节通过阀的流量。所以节流阀实际上是一个可变的液流阻力器。

图 6-12 为一种节流阀的结构图,阀芯 3 的节流部分是一个锥阀,在其下端孔中有一个复位弹簧 4 将锥阀顶在螺杆 2 上。转动手轮 1 将迫使阀芯沿轴向上、下移动,用以改变锥形阀口的开度,从而改变从 P_2 出口的流量,因为根据流量公式 (6-8) 可知当进出口的压差不变时,流量与流通截面 A 成正比。

6.4.3.2　调速阀

上面讨论的节流阀虽然能改变流量,但却不能恒定的保持某一流量不变,这

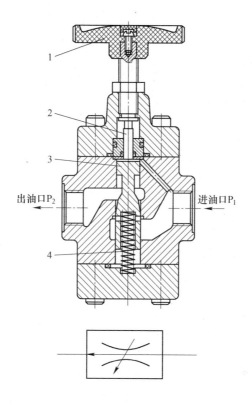

图 6-12 节流阀结构图
1—手轮；2—螺杆；3—阀芯；4—复位弹簧

是因为由式（6-8）看出影响流量的因素除了节流面积 A 以外，还有一个节流前后的压差 Δp，如果设法令节流阀前后的压差不变就可基本上保证了流量不变。当执行元件如液压缸的有效面积固定后其负载的速度也就不变了。因此这种能够通过调节和保持流量不变的办法来保证负载的速度可调和不变的阀，称之为调速阀。

（1）调速阀的基本原理。

图 6-13 为调速阀的原理图，图中左边为一定差减压阀，右边是一个节流阀。进口压力为 p_1 的油液经过减压阀后的压力降成 p_2，再经过节流阀节流后的出口压力降为 p_3。节流阀前的压力 p_2 经小孔 b 和 f 被引到减压阀芯肩部的油腔 c 和其上端的油腔 e。节流阀的出口压力为 p_3 的油液通过孔 a 被引到减压阀下端的油腔 d 。在平衡位置时，减压阀上下两端的作用力相等，如不计阀芯的质量力、摩擦力与液动力，则作用在减压阀上的力平衡方程式为

$$p_2 A = p_3 A + F_T$$

即

$$\Delta p = p_2 - p_3 = \frac{F_\text{T}}{A} \tag{6-48}$$

式中　F_T——减压阀的弹簧力；

　　A——减压阀芯的端面积，显然，两端面积相等；

　　Δp——节流阀的压力差。

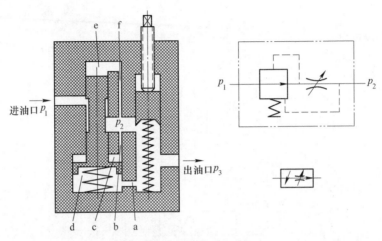

图 6-13　调速阀的原理图

　　由于减压阀弹簧的刚度很低，因此阀芯产生微量移动时弹簧力 F_T 变化很小，因此节流阀前后的压差 Δp 变化也会很小。当节流阀的节流面积调定后，流量基本是恒定的，与负载压力 p_3 和油液进口压力 p_1 的变化无关，也可以说与调速阀的进出口压力差 p_1-p_3 无关。这一点可从图 6-13 所示的调速阀的工作原理中看出。当进口油压 p_1 升高时，p_2 随之升高，因此减压阀芯上端的作用力开始大于下端的作用力，于是阀芯向下运动，以关小减压阀的进油窗口，因此 p_2 被迫降低，直到恢复到原来值，即压差 $\Delta p = p_2 - p_3$ 又回到原来值，所以经过节流阀的流量保持不变；当负载压力（即节流阀的出口压力）p_3 升高时，作用在减压阀下端的作用力大于上端的作用力，因而阀芯上移，减压阀芯的窗口开大，使 p_2 压力增高，这又使减压阀芯下移，直至 $\Delta p = p_2-p_3$ 又回到原来值时，减压阀芯重新达到力平衡。显然，流经节流阀的流量仍然会保持不变。图 6-14 表示出节流阀与调速阀的流量曲线。可见节流阀的流量随阀的进出口压差增大而增大，调速阀的输出流量与阀前后的压差无关。

　　（2）调速阀的结构组成。

　　图 6-15 为 Q 型调速阀的结构组成。压力油从进油口 P_1 经环槽 f、阀套 2 的径向孔、减压阀的减压口进入油腔 d，再经节流阀 3 的节流口到达油腔 g。然后从油道 h 到出油口（图中未画出）流出。节流阀节流前的压力油（即腔 d 的压力

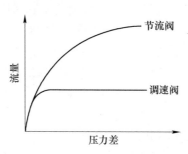

图 6-14 节流阀与调速阀的流量曲线

油）经孔 c 进入减压阀芯 1 大端的右腔，同时经过阀芯 1 的中心孔 e 流入阀芯 1 的小端的右腔。经节流阀芯 3 节流后的压力油（即腔 g 的压力油）经孔 a 和 b 通到减压阀芯 1 的大端的左腔。转动手柄 4，使节流阀芯 3 轴向移动就可以调节所需的流量。

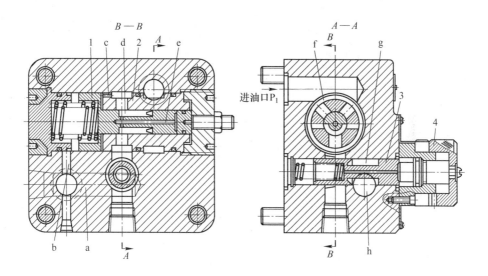

图 6-15 Q 型调速阀的结构组成图

1—减压阀芯；2—减压阀套；3—节流阀芯；4—手柄

6.4.4 方向控制阀

在液压系统中方向控制阀是用来控制与改变流体的方向，以改变执行机构的运动方向和动作顺序。方向控制阀可以分成单向阀、液控单向阀和各种换向阀。

6.4.4.1 单向阀

单向阀相当于电路中的二极管，只允许流体沿一个方向流动，不允许反向流动。从结构上看一般有钢球式和锥阀式两种类型。钢球式单向阀用钢球作为阀芯，结构简单，但是密封性能较差，一般只用在要求不高的地方。应用较广的是锥阀式单向阀。图6-16便是这种阀的典型结构，它通过螺纹连接方式直接连接在管路上。当压力油从进油口 P_1 流入时，克服弹簧3的作用力，顶开阀芯2并经过阀芯上的四个径向孔 a 及内孔 b，从出油口 P_2 流出。当液流反向流动时，在弹簧和压力油的作用下阀芯锥面压紧在阀体1的阀座上，使反向油液不能通过。弹簧3主要用来克服阀芯的摩擦阻力和惯性力使阀芯复位。为减小压力损失，弹簧3应尽可能做得软一些。但毕竟存在着弹簧力，油液要顶开阀芯2，仍需要一定的压力。称正向打开单向阀所需的最小压力为开启压力。一般单向阀的开启压力为 0.04MPa，当全流通过时，其压力损失一般为 0.1~0.3MPa。

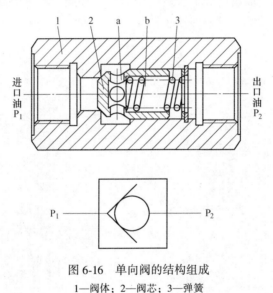

图 6-16　单向阀的结构组成
1—阀体；2—阀芯；3—弹簧

6.4.4.2　液控单向阀

前面已述单向阀只能使流体沿一个方向流动，而不能反向，但也有一种单向阀既具有单向阀的功能，也能在必要时通过控制使液流能反向通过。这种单向阀称之为液控单向阀，见图6-17。从图上看出，上部是一个直角式锥形单向阀，下部是一个控制活塞。当控制油口 K 不通压力油时便是一个普通单向阀，压力油只可以从油口 P_1 进入，顶开阀芯2从油口 P_2 流出。如果此时压力油从 P_2 进入，单向阀关闭，油流不能通过。当控制油口 K 接通压力油时，控制活塞3向上移动，首先顶开主阀芯2内的导阀1泄压，然后再顶开主阀芯2，使 P_1 和 P_2 两腔接通，油液可以在两个方向自由流通。液控单向阀的最小控制压力一般为 1.6MPa左右。

　　液控单向阀有内泄式与外泄式两种。图 6-17 所示为内泄式，即将控制阀 3 上腔与进油口 P_1 相通。如果令控制阀上腔与进油口 P_1 隔开，而是另有一个泄油口直通阀外，这种阀称为外泄式液控单向阀。

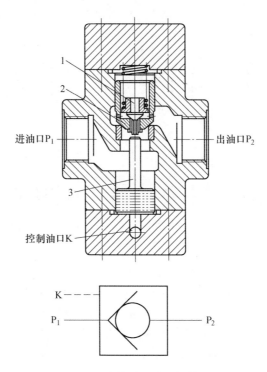

图 6-17　液控单向阀的结构图
1—导阀；2—主阀芯；3—控制活塞

6.4.4.3　换向阀

（1）换向阀的功能。

　　换向阀的作用是借助阀体内的阀芯与阀体的相对运动，来变换油流的方向以及接通或关闭油路。对换向阀的主要性能要求是换向压力损失小、泄漏损失小，换向可靠、迅速和平稳。换向阀可以分成转阀式与滑阀式两种。但后者应用较多。这里只介绍滑阀式换向阀。

（2）滑阀式换向阀的分类。

　　滑阀式换向阀又分手动换向阀、机动换向阀、电磁换向阀、液控换向阀和电液换向阀等。这里只介绍手动换向阀、电磁换向阀和电液换向阀三种。根据换向阀芯的工作位置数和阀的通油孔数又分成二位二通、二位三通、二位四通、二位五通和三位四通、三位六通等多种形式。

（3）换向阀的符号表示法。

为了叙述方便，常将高压油进口用 P 表示，将回油口用 O 表示，将阀与液压缸或液压马达连接的油口用 A 及 B 表示。滑阀的"位"用方框表示，每一"位"用一个方框表示，二位用两个方框表示，三位用三个方框表示，见图6-18。图中 a、b、c 皆为二位，d、e 为三位。

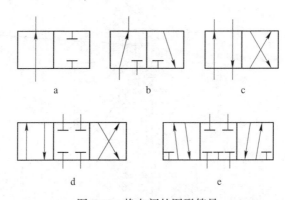

图 6-18 换向阀的图形符号

a—二位二通阀；b—二位三通阀；c—二位四通阀；d—三位四通阀；e—三位五通阀

滑阀的"通"用一个方框中上、下两侧与外界连接点的总数来表示，几通即有几个与外界的连接点，如图6-18 中 a 为二通，b 为三通，c、d 为四通，e 为五通等等。方框中的箭头表示阀内部两点的油路相通，符号 T 表示阀内部两点的油路不通。

（4）滑阀的机能。

滑阀式换向阀中以三位四通阀应用最为广泛。根据不同的使用要求，三位四通换向阀在中间位置时各油口间有各种不同的连接方式，称之为滑阀的机能，并分别用相应的符号来表示。表6-5 便是三位四通滑阀机能的一部分。

表 6-5 三位四通换向阀的滑阀机能

机 能 形 式	滑阀在中间位置时的状态	符 号	滑阀在中间位置时的性能特点
O	O A P B O	A B P O	各油口全部关闭，系统保持压力，执行元件两腔封闭
H	O A P B O	A B P O	各油口全部连通，液压泵卸荷，执行元件两腔连通

机能形式	滑阀在中间位置时的状态	符 号	滑阀在中间位置时的性能特点
Y		A B P O	A，B，O 连通，P 口保持压力，执行元件两腔连通
J		A B P O	P 口保持压力，A 口封闭，B 口和 O 口接通
C		A B P O	A 口和进油口 P 连通，B 口和回油口 O 各自封闭
P		A B P O	A 口和 B 口都与进油口 P 连通，回油口 O 封闭
K		A B P O	A 口和进油口 P 均与回油口 O 接通，液压泵卸荷，B 口封闭
X		A B P O	A，B，P，O 半开启接通，P 口保持一定压力
M		A B P O	P 和 O 连通，液压泵卸荷，A 口和 B 口都封闭
U		A B P O	A 口与 B 口连通，执行元件两腔连通，P 口和 O 口封闭，P 口保持压力

（5）手动换向阀。

手动换向阀一般有二位三通、二位四通和三位四通等型式。图 6-19a 所示为

S 型手动换向阀的结构图（弹簧复位式结构）。阀体 2 上有四条环形槽，分别与 P、O、A、B 四个油口相通。通常是把与 P 口相通的环槽布置在阀体中间，把 A、B 两油口排列在 P 口的两侧，而把 O 口放置在最外面，如此可缩短压力油的流程，以减少泄漏损失。当手柄向左扳动时，阀芯 3 向右移动，P 和 A 相通，B 和 O 相通。当手柄向右扳动时，阀芯 3 向左移动，这时 P 和 B 接通，A 通过环槽及阀芯的径向孔和中心孔与 O 连通，实现了换向。放松手柄时，左端的弹簧 1 能够自动使阀芯 3 恢复到中位，切断油路，所以称为自动变位式。这种结构的阀在工程机械中用得最多，操作比较安全。如果要求阀芯在三个位置上都能定位，可把左端的弹簧部分改成钢球定位，如图 6-19b 所示的结构，它不会自动复位。滑阀两端的油腔 C 和 E 通过阀体 2 上的孔 D 相通，并引到单独的泄油口，因此无背压存在。图 6-19c 为图 6-19b 的符号表示，图 6-19d 为图 6-19a 的符号表示。

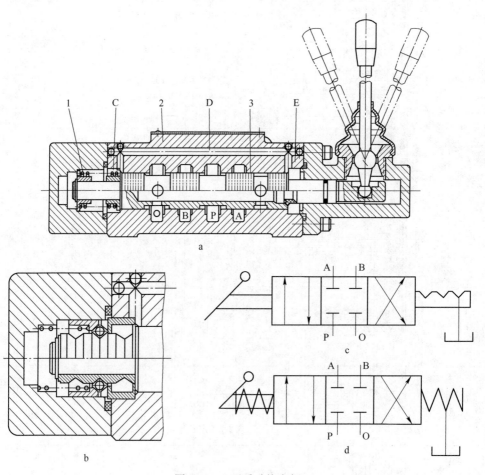

图 6-19 S 型手动换向阀

1—弹簧；2—阀体；3—阀芯

（6）电磁换向阀。

电磁换向阀是利用电磁铁推动阀芯移动来控制油流的方向。电磁换向阀按电源形式的不同分为交流（D 型）和直流（E 型）两种。交流电磁铁的电压一般为 220V，也有 380V、110V 和 36V 等四种；直流电磁铁的电压，一般为 24V 或 110V。交流电磁铁的换向冲击较大，当滑阀卡住或吸力不够时，容易烧坏，工作可靠性差。但交流电磁铁启动力大，剩磁小，因而换向灵敏、迅速，而且不需要整流装置，换线简单，价格便宜。因而应用较广。

图 6-20 是常用的一种三位四通交流电磁换向阀的结构与符号。当左边电磁铁通电时，铁芯通过推杆 1 将阀芯推向右端，使 A 和 P 相通，B 和 O 相通。相反当右边电磁铁通电时阀芯被推杆 3 推到左端，使 A 和 O 相通，P 和 B 相通，实现了油流的换向。在电气系统失灵时，还可以通过手动杆 4 使阀换向。这种阀的阀体上只有三条环形槽，利用滑阀两端的油腔作回油腔，因而结构比较简单，可以缩短阀的轴向长度。但当回油腔有较大背压时，电磁推杆上的 O 型密封圈会产生较大的摩擦力，使换向变得不可靠。因此，此种阀的最大背压不应大于 7MPa，最好使用单独的回油管。

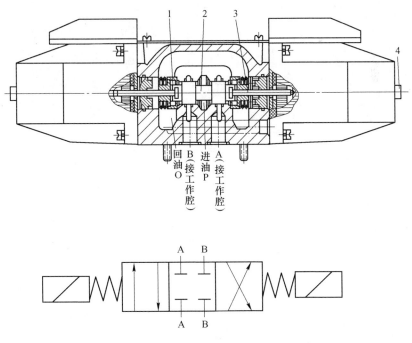

图 6-20　DO 型三位四通电磁换向阀

1，3—推杆；2—阀芯；4—手动推杆

电磁换向阀操作方便、易现实自动控制，但由于电磁力较小，这种阀的流量不能太大，一般在 63L/min 以下。

（7）电液换向阀。

前边已谈到电磁换向阀的功率较小，因为电磁力不可能很大，但电液换向阀却能解决这个问题，它将电磁换向阀经过一次液压放大，即将电磁换向阀作为导阀，用它输出的液流推动较大的滑阀，以输出更大的流量。图 6-21 所示是一种弹簧对中的 DYO 型三位四通电液换向阀。从该阀的名称上可看出它是交流电磁铁（D 型），导阀的滑阀机能是 Y 型，而主阀的滑阀机能是 O 型。图中上部为导阀，它是一个小型的三位四通电磁换向阀，用其改变控制油流的方向。下部主阀是一个大型的液控换向阀，用来控制主油路的换向。当电磁铁断电时，导阀阀芯在弹簧作用下，处于中立位置，把控制油路进油腔 P 封闭，而控制油路 a 和 b 通过回油腔 O′与油箱相通。因此主阀两端均无油压作用，在弹簧 2 和 3 的作用下主阀芯也处于中间位置。四个通油口 P、O、A、B 都被封闭。为了准确对中，两端的弹簧 2 和 3 是靠碗状定位环来定位的。当导阀右边电磁铁通电时，导阀阀芯左移，控制压力油从 P′腔经通道 a 进入主滑阀的左端，同时主滑阀的右端经通道 b 与回油口 O′相通，在液压力差的作用下主阀芯右移，使油口 A 和 P 通，B 和 O 通；当导阀左边电磁铁通电时，导阀芯右移，从而推动主阀芯左移，导致油口 A

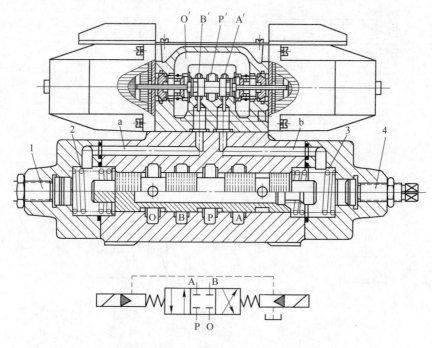

图 6-21 DYO 型三位四通电液换向阀结构图

1，4—调节螺钉，2，3—弹簧

和 O 通，B 与 P 通。主阀芯左右移动的行程可以通过两端的调节螺钉 1 和 4 调整。

为了减小换向时造成的液压冲击，可在导阀与主阀之间的油路上加装双向阻尼器，用以调节换向时的时间。

6.4.5 伺服阀与比例阀

前已述液压系统中除液压传动系统之外，还有液压伺服系统。液压传动系统主要是实现负载运动的静态行为，而液压伺服系统则主要研究负载对象的动态过程，或者叫暂态过程，因此伺服系统要研究系统的稳定性和动静态品质。一般要求系统的广义坐标（位置、速度、加速度、力、压力和温度等）能跟踪事先规定的函数曲线。这样的液压伺服系统中所用到的元部件除已介绍的液压元部件之外，还要用到所谓电液伺服阀或电液比例阀。

（1）伺服阀。

伺服阀或者叫电液伺服阀，是一种高精度电液转换器，一般由力矩马达、喷嘴挡板和滑阀等部分组成。力矩马达实际上是一个电磁铁，其中衔铁呈 T 形，也是喷嘴挡板阀的挡板。滑阀两端腔通过节流小孔分别与高压油相通，同时又各有一个通向回油的平头小节流嘴，即所谓喷嘴，将这两个喷嘴分放在挡板的两侧。当力矩马达输入电信号为零时，挡板与两个喷嘴等距，因此阻尼相等，作用在滑阀两侧的油压相等，滑阀居中位，此时输出流量为零。当通电后衔铁转动使挡板靠向一个喷嘴，因而形成差动流量，滑阀必向一侧移动。于是便有流量或压力输出。由于挡板下端通过一个固连的小球与滑阀中间的凸肩相连，构成负反馈，大大提高了伺服阀的精度。这种阀具有下列优点：

1）灵敏，只要输入 $10\sim40$mA 的电流信号就可输出 $10\sim200$L/min 的流量；

2）准确，能准确复现给定的电压信号。误差可以小于额定值的 1%；

3）快速，其反应速度很快，一般频宽可到 100Hz 以上。

其缺点是抗污染能力差，因为喷嘴直径在 $0.2\sim0.4$mm 之间，极易堵塞，一般要求精油滤的过滤精度为 0.005mm 以内。另外价格也较昂贵。

关于伺服阀的详细介绍请参考文献 [79~81]。

（2）比例阀。

比例阀就其输出输入的功能与伺服阀相同，也是一种电液转换机构。所不同的是它由一个大功率的线性电磁铁直接带动滑阀运动。因此结构简单、抗污染能力强，因为没有喷嘴。其缺点是线性度差，在输入信号小于 800mA 无流量输出。大于此值后的输出也是非线性的。此外，快速性差，一般只有 $3\sim5$Hz 的频宽。因此，目前比例阀只用在要求不高的系统。关于比例阀的详细介绍可参考文献 [59，72，74]。

6.5　液压辅件

　　液压系统中除电机-液压泵、液压控制阀和液压缸（或液压马达）外，尚有一部分辅助元件，统称之为液压辅件。液压辅件包括油箱、滤油器、蓄能器、冷却器、加热器、油管及接头和密封件等。这些元件从液压系统的工作原理来看是起辅助作用，但从工艺角度却是十分重要的元部件。再好的系统解决不了漏油、噪声和寿命等问题也是无济于事的。因此一个有经验的设计者都会对此给予足够的重视。本节将重点介绍油箱、油管、滤油器、蓄能器、冷却器和加热器等5部分。欲详细了解液压辅件请参考文献［72，77］。

6.5.1　油箱

　　油箱的用途是储油和散热，此外还能沉淀油中的杂质和分离油中的空气等。油箱的容量主要根据散热的要求来确定，同时，也要考虑液压系统工作时油箱内液位的最低高度，又要顾及停机时负载与管路中的油返回油箱时不至于溢出。另外，还要考虑到油中所含的杂质能够有机会沉淀，所含空气也能够排出。一般油箱的有效容积为液压泵每分钟流量的2~6倍。当流量小、压力高时取较大值，流量大、压力低时取较小值；采用定量泵时取较大值、采用变量泵时取较小值。另外，确定油箱有效容积时还应该估算液压系统的发热量。对于有冷却系统的油箱其容量可以小些。

　　油箱按其使用特点可分成开式与充压式两种。充压式可使油泵的进油口压力为正值、防止吸空，此类油箱多用于行走机械。实际上大多数场合还是采用开式油箱，因为开式油箱在结构上比较简单、造价也低，而且也便于维护。

　　开式油箱（简称油箱）在设计上应注意下列6个方面。

　　（1）钢板焊接的油箱，当容量小于100L时，壁厚应取3mm；容量为100~320L时，应取3~4mm；容量大于320L时，可取4~6mm。油箱底板的厚度应等于或大于侧壁的厚度。为散热和放油方便，油箱应设底脚，其高度一般为150~200mm，厚度为侧壁的2~3倍。

　　（2）吸油管与回油管的距离应尽量远，一般分别装在油箱两端，中间用隔板隔开，以增加油液的循环距离和减慢循环的速度。这样做有助于油的冷却和气泡的逸出，也可以令油中杂质沉淀在回油管一侧。隔板高度约为最低油面的三分之二，厚度等于或稍大于油箱侧壁的厚度。隔板的底部应开有缺口，以便于吸油区的沉淀物能经缺口排出。

　　（3）吸油管必须深插在油中，为了防止吸入油箱底部沉淀的杂质，吸油管离箱底的距离应不小于管径的两倍，距箱边应不小于管径的三倍。在吸油管入口处应安装75~150μm的粗滤油器，粗滤油器距箱底不小于50mm。

　　主回油管也必须插在最低油面以下，以防止回油剧烈而干扰油面，甚至会带进去空气。此外管口与油箱底的距离应为管径的两倍以上，管口应切成45°角，面向箱壁，以增大排油面积，并使热油迅速流向箱壁，加快散热速度。一些控制阀的泄漏油管应装在油面以上，以防产生背压，影响阀的正常工作。

　　（4）为保持油液的清洁，油箱应有密封顶盖。加油口应有细密的过滤网，平时应加盖密封。油箱盖上应有通气孔并安上一个空气滤清器。在油箱侧面或正面应装上液位计，用来指示油箱内的液面高度。在油箱上还应装有温度计，随时观测油温。在油箱上还应装上冷却器或者加热器。

　　（5）油箱应便于维修、清洗和放油，油箱底面应有适当的斜度，并在最低点设置放油塞。油箱侧面应开大孔，以便于清洗。平时端盖密封。油箱内应喷塑或喷耐油防锈涂料。

　　（6）油箱上面可以安装液压泵、电机或其他液压元件，为避免振动，油箱应造得坚固一些。箱盖厚度一般要比箱壁大3～4倍。一般对于大功率系统不主张将电机-油泵装在油箱上，以防共振的发生。另外，为防止装在油箱上的液压元件的漏油直接流回油箱或流到地上，油箱上盖板应密封住，并且侧壁应高出盖板10～15mm。图6-22便是一般油箱的结构示意图。

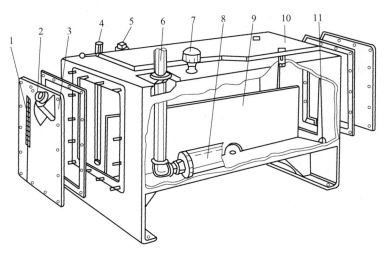

图 6-22　一般油箱结构示意图

1—液位计；2—加油口；3—端盖；4—回油管；5—泄油管；6—液压泵吸油管；7—空气滤清器；
8—粗滤油器；9—隔板；10—液压元件安装板；11—放油口

6.5.2　油管

　　（1）油管的种类。

　　油管是用来连接各液压元件，使整个液压系统彼此沟通的连接件。常用的油管有钢管、紫铜管、橡胶软管等。

钢管能承受较高的工作压力、耐油性能与抗腐性能都好，因此广泛应用在中、高压系统中。一般有 10 号、15 号冷拔无缝钢管。其缺点是弯曲较困难。

紫铜管的优点是易弯曲、装配方便，管壁光滑，摩擦阻力小，其缺点是耐压程度低，只适用于中、低压力系统，而且抗震能力弱，还会引起液压油氧化。一般用得不多。

橡胶管的优点可以随意弯曲，并允许在工作中有一定的相对运动，如摆动油缸上的进出油管等，另外其抗震性能好、装配方便，并能吸收液压系统中的一定冲击。缺点是成本高，寿命较短。高压橡胶管用有钢丝编织网的橡胶做成，压力越高层数越多。

有时也可用耐油塑料管和尼龙管作为低压回油管或泄漏管。

（2）油管截面积计算。

油管的内径应与要求的流通能力相适应，若管径太小、液压油流速太高会增大沿途压力损失，使油温升高，而且还会引起振动和噪声；若管径过大，不便于安装，而且体积大，造价增高。但对大功率系统，尤其冷却困难的系统适当增粗管径也十分必要。

管内径可用下式计算

$$d = \sqrt{\frac{4Q}{\pi V}} \tag{6-49}$$

式中　Q——通过油管的最大流量，m^3/s；

　　　　V——油管中的最大流速，m/s。

一般对于吸油管 $V<1.5m/s$；对于高压管 $V<5m/s$；对于回油管 $V<2.5m/s$。

（3）管接头。

用来连接油管与液压元件的部分叫管接头。管接头的种类很多。

1）焊接式。

即将管接头一端与油管焊在一起（显然，这里指的是钢管），另一端通过密封圈与液压元件的螺纹段相连。

2）法兰式。

即油管端面焊上法兰盘与另一带有法兰盘的液压部分用 O 型圈与螺栓相连接。

3）卡套式与扩口式。

即通过接头、卡套和螺母组合在一起，称之为卡套式连接；利用接头、螺母、管套和扩成喇叭口形的油管相连接称之为扩口式连接。

6.5.3　滤油器

液压系统的故障，往往是由于液压油中含有杂质而引起。油中的杂质会使运动零件划伤、磨损甚至卡死，或者常使节流小孔阻塞等。因此液压系统中油的清洁度是至关重要的。为此除将油箱、管件和液压元件清洗干净外，还必须在系统中引入所谓滤油器。滤油器的精度，按所能过滤的颗粒大小，可分成四类，即粗滤油器，它能滤掉直径 $d_i \geqslant 0.1\text{mm}$ 的杂质；普通滤油器能滤掉 $d_i = 0.1 \sim 0.01\text{mm}$ 的杂质；精滤油器能滤掉 $d_i = 0.01 \sim 0.005\text{mm}$ 的杂质；特精滤油器能滤掉 $d_i = 0.005 \sim 0.001\text{mm}$ 杂质。滤油器的额定流量由其有效过滤面积决定，一般要求选用滤油器的有效过滤面积为管道截面积的 20 倍以上。

（1）滤油器的种类。

1）网式滤油器。

网式滤油器是在金属骨架上包一层铜网，其过滤精度取决于网眼的大小，通常为 $75 \sim 180\mu\text{m}$ 这种滤油器主要用在液压泵的入口，用作粗滤。推荐齿轮泵用 $75 \sim 180\mu\text{m}$，叶片泵用 $106 \sim 150\mu\text{m}$，柱塞泵用 $75 \sim 106\mu\text{m}$。选滤油器的额定流量应为液压泵最大排量的 2 倍以上。

2）线隙式滤油器。

线隙式滤油器是用铜、铝或镍络线等不导磁的金属线绕在圆形骨架上，利用线隙滤油。此种滤油器也是用在液压泵的进油口，其过滤精度在 $0.07 \sim 0.15\text{mm}$ 之间，一般用于低压系统。

3）烧结式滤油器。

烧结式滤油器是用铜粉末压制后烧结而成。它是利用铜颗粒之间的微孔滤去油中的杂质。目前常用的过滤精度为 $0.01 \sim 0.1\text{mm}$，主要用在要求精滤的液压系统。这种滤油器的优点是抗腐蚀性好，过滤效果好，缺点是体积大、清洗困难，长时间使用后会有颗粒脱落下来。因此最好与其他油滤合用。

4）纸芯滤油器。

纸芯滤油器是通过一种机油微孔滤纸来过滤油中的杂质。纸芯滤油器的过滤效果好，精度高，一般用于油的精滤。其缺点是易阻塞，而且无法清洗，因此纸芯需经常更换。由于纸芯强度低，允许压差只有 $0.7 \sim 0.8\text{MPa}$。

5）磁性滤油器。

磁性滤油器是通过一个永久磁铁的磁性滤芯来洗除油中的铁末。这种滤油器装在回油路上效果较好。

（2）滤油器的安装位置。

为了保证系统中油的清洁度，必须安装滤波器。但滤油器的安装位置却十分重要。一般有 4 种安装位置。

1）安装在吸油管上。

如将网状粗滤装在液压泵的进口前会有效地保护整个液压系统，因此所有的液压系统都要安装这种粗滤。

2）安装在液压泵的输油管路上。

任何液压系统都要在液压泵的出口管路上安装精滤油器以保护所有的液压元件。为防止因堵塞而使泵过载，溢流阀应装在精滤之前。

3）安装在回油管路上。

可将精滤安装在液压系统中的回油管路上，这种安装方式可以循环地除去油中的部分杂质。虽不能直接防止杂质进入液压系统中，却能使进入系统中的杂质逐渐减少，而且由于处在低压中对油滤的压降要求不高。

4）安装在重要液压元件之前。

有些重要的液压元件，可在其进口前安装精滤，以保证这些元件能正常工作。

6.5.4　蓄能器

（1）蓄能器的用途。

蓄能器是一种存储高压油的压力容器，在液压系统中起着非常重要的作用，其主要用途有四个方面。

1）用作补油。

有时在液压系统的一个工作循环中瞬间需要很大的流量，而在其他时间内仅需要较小的流量。在设计中如果按最大需求流量选择液压泵会提高不必要的造价和体积，大量的高压油被迫从溢流阀处溢回油箱，浪费了大量的能量，而且这些被浪费的能量又以热的形式加给系统，进一步加重了冷却器的负担。如果采用蓄能器补充瞬间所需的流量，则可大大减小系统的功率。液压泵只要稍稍向蓄能器供应一点小的流量，经过一个工作循环中的大部分时间就可充满蓄能器瞬间需要的容量。这是蓄能器重要的用途之一。

2）吸收冲击。

当系统突然停止或换向时，系统会产生液压冲击，甚至会损坏元件。如果这类系统安装一个蓄能器就可吸收这种冲击，或者使冲击大大减小。一般蓄能器应安装在靠近冲击源的地方。

3）起滤波作用。

液压系统中液压泵不可避免地存在流量脉动，此外溢流阀，或其他阀类也会因故产生振动。如果安装一枚合适的蓄能器通常可以吸收掉这种脉动或振动，起到滤波的作用。

4）用作保压源或应急油源。

有些液压系统在停止工作时还需要保压，如机床的夹紧装置等。另外有些液压系统不允许中途停电造成油源停供高压油或者液压泵突然出了问题等故障，如静压轴承。如果在油路中并入一个蓄能器便可解决上述两种问题。

（2）蓄能器的类型。

蓄能器的类型很多，有重锤式、弹簧式和充气式。充气式又有活塞式与气囊式两种。目前应用最多的是气囊式蓄能器。这里准备只介绍这种蓄能器，其优点是惯性小，反应迅速，并且防止了油气的混合，而且维护方便。

图6-23为气囊式蓄能器的剖面图。其中1为气门，可以由此口充入氮气，2为壳体可承载，3为气囊。显然，气囊在壳体2的上半部。一般气囊有两种类型，即折合型与波纹型。其中折合型适用于蓄能，波纹型适用于缓冲。气体从气门1充入，充气压力一般是油液最低工作压力的60%~70%。气囊外部为压力油，在蓄能器下部有一受弹簧力作用的提升阀，用来防止油液全部排出时气囊膨胀出壳体之外。

蓄能器要垂直安装在液压系统中，油口向下。如特殊场合也可水平安装。安装在管路中时必须同时有支撑板或支架来固定。

本节仅简单的介绍蓄能器的结构组成和用途，实际在各种不同的场合使用时都应作具体的计算，通过计算来确定蓄能器的总容积和充气压力。此类可参考文献［72］。

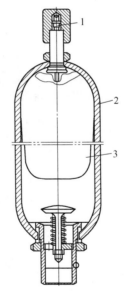

图6-23　气囊式蓄能器剖面图
1—气门；2—壳体；3—气囊

6.5.5　冷却器与加热器

（1）冷却器。

液压系统在工作时，油的压力损失、容积损失和诸多机械损失基本上都转化成热能，即使油液温度升高。油温过高会引起油液变质、橡胶密封圈失效，也会因运动部件热膨胀系数不同使间隙减小而卡死。另外，由于温升使油液黏度降低，导致泄漏增大，因而容积效率降低，这又会使整个液压系统的效率降低。所以液压系统的油温一般应保持在 15~65℃ 之间，高于 65℃ 就需引入冷却器来降温。低于 15℃ 就要使用低温或超低温液压油。

　　冷却器的种类也有不少，一般有蛇形管冷却器，即在回油上串联一个类似弹簧形状的管子，称为蛇形管并将其放在水箱的水中，水可以不断流进流出用以散掉油中的热量。也有使用多管式冷却器，即用并联很多个管子来散热，以增加散热面积。一般这种冷却效果都不算好，近来多使用蜂窝状冷却器和板式冷却器，由于水与油之间的接触面积大，冷却效果比较好。

　　（2）加热器。

　　当液压系统在过冷的地方工作时，如 -40℃ 以下就应在启动时将油温加热到 15℃ 以上。否则液压泵易吸空，而出口压力也会过高。此时需要增设加热器。一般加热器都采用电热管式并有加温控制线路，在加热前可以预先设定温度值。

参 考 文 献

［1］吕亚舜．液压马达驱动对偶平衡式抽油机：中国，CN87104623A［P］.1987.7.1.

［2］王晓珂．增距式液压抽油机：中国，CN88203697U［P］.1988.2.22.

［3］杨楹．曲柄压力缸式液压抽油机：中国，CN86108175A［P］.1986.11.23.

［4］王全章．全液压泵式抽油机：中国，CN2048895U［P］.1989.3.22.

［5］陈春安．液压抽油机：中国，CN2038545U［P］.1988.9.22.

［6］孟继学．无支架全液压抽油机：中国，CN2046924U［P］.1989.2.24.

［7］何桂鑫．液压增程抽油机：中国，CN2054091U［P］.1988.11.18.

［8］胡志明．油管平衡液压抽油机：中国，CN2063576U［P］.1989.10.10.

［9］郭振洲．长冲程液压式抽油机：中国，CN2061218U［P］.1990.1.20.

［10］白树泰．滚筒式长冲程液压抽油机：中国，CN2082757U［P］.1990.9.27.

［11］刘庆和．拉伸式单体缸组液压抽油机：中国，CN2113360U［P］.1992.2.1.

［12］李三．一种回程位能回收长行程抽油机：中国，CN2101749U［P］.1991.10.10.

［13］孙明道．链轮组式液压抽油机：中国，CN2104293U［P］.1991.10.24.

［14］刘晓年．柱塞式液压抽油机：中国，CN2118839U［P］.1992.4.4.

［15］周逢春．井内液压缸式抽油机及采油方法：中国，CN1027191A［P］.1993.1.19.

［16］俞淳植．液压式摆杆抽油机：中国，CN2172815Y，1993.4.16.

［17］路甬祥．功率回收液压抽油机：中国，CN2189218Y，1994.1.27.

［18］俞浙青．节能型液压抽油机：中国，CN2194423Y，1994.1.27.

［19］孟继学．长冲程液压抽油机：中国，CN2057231U，1989.12.29.

［20］孟继学．长冲程液压抽油机：中国，CN2057231U，1990.5.16.

［21］陈春安．YCH-Ⅱ型液压抽油机的研制［J］.石油机械，1988（11）：10~14.

［22］马春成．一种新型液压抽油机的方案设计与计算［J］.石油机械，1995（10）：5~9.

［23］王晓珂．抽油机加载型式试验方法［J］.石油机械，1990（2）：32~34.

［24］陈铁民．液压抽油机的工厂试验［J］.石油矿场机械，1988（5）：15~16.

［25］高纪念．抽油机电液随动模拟系统负载的平衡［J］.石油矿场机械，1994（3）：13~18.

［26］L. Stanley. Hydraulic drive system for an oil well pump, Patent：GR BRIT 2293213A, P3/20/ 96, F11/3/95, F04B-047/04, 49PP.

［27］J. W. Tucker. Hydraulic-pneumatic stroke reversal system for pumping units, and its application in preferred embodiments, Patent：US5536150, C7/16/96, F7/28/94, F04B-009/10, 19PP.

［28］V. K. Kamardin. Assembly for extracting crude oil, Patent：W09505539, P2/23/95, F4/11/ 94, F04B-047/00. 11PP.

［29］L. Stanley. Hydraulic oil well pump drive system, Patent：EB2278892A, P12/14/94, F3/1/ 93, F04B-047/04, 79PP.

［30］C. Sable. Pumping unit with hydraulic jack, with piston connected to the rods of a subsurface suction pump, Patent：FR2697055, C4/22/94, F10/21/92, F04B-047/02, 52PP.

［31］ C. L. Drake. Surface hydraulic pump/well performance analysis meihod, Patent：US 5184507, C2/9/93, F12/21/90, E21B-047/00, 8PP.

［32］ W. M. Bohon. Well pumping, Patent：US5145332, C9/8/92, F3/1/91, F04B-009/08, 9PP.

［33］ B. P. Emo, G. Erismann, P. Hruschak. Development of the peacock hydraulic pump jack for canndian heavy oil production ［J］.

［34］ I. I. Adamache. Exploitation method for reservoirs containing hydrogen sulphide, Patent：CAN 1254505, C5/23/69, F10/2/87, E21B-041/18, 75PP.

［35］ J. H. Holland. Hydraulically operated well pump system, Patent：US4611974, C9/16/86, F5/30/84, F04B47/08, 26PP.

［36］ L. J. Roussel. Anti rotational device for down hole hydraulic pumping unit, Patent：US4637459, C1/20/87, F6/28/85, E21B43/12, 5PP.

［37］ C. Lepert. Process for withdrawing a liquid from a borehole and pumping assembly especially for the application of this process, Patent：FR2586459, C2/27/87, F8/21/85, 38PP.

［38］ C. P. Wright. Hydraulic well pumping apparatus, Patent：US4646517, C3/3/87, F4/11/83, F16D31/02, 7PP.

［39］ J. B. Tieben. Pumping unit drive system, Patent：US4762473, C8/9/88, F12/18/87, F15B9/02, 9PP.

［40］ R. Mestieri. Pumping unit, Patent：US4698968, C10/13/87, F12/6/85, F15B15/18, 12PP.

［41］ T. Henderson. In-casing hydraulic jack system, Patent：US4745969, C5/24/88, F3/27/87, 7PP.

［42］ J. A. Kime. Pumping apparatus, Patent：US4707993, C11/24/87, F11/24/80, F16D31/02, 12PP.

［43］ J. Wright. Counter-balanced well-head apparatus, Patent：GB2183303A, P6/3/87, F11/21/85, F04B9/10, 9PP.

［44］ T. Henderson. Oil well su-surface pump stroke extender, Patent：US4653383, C3/31/87, F9/13/84, 8PP.

［45］ R. E. Dienerich. Well pump control system, Patent：US5281100, C1/25/94, F4/13/92, F04B-049/00, 27PP.

［46］ 刘长年. 一种新型全状态调控式液压抽油机简介 ［J］. 石油矿场机械，2003，32（1）.

［47］ 刘长年. ASC 液压抽油机全局参数的匹配方法 ［J］. 石油矿场机械，2003，32（2）.

［48］ 刘长年. 一种新型的奇异型后驴头的研究 ［J］. 石油矿场机械，2003，32（5）.

［49］ 刘长年. ASC 液压抽油机油缸与游梁轴承连接的传动分析 ［J］. 石油矿场机械，2003，32（增刊）.

［50］ 刘长年. ASC 液压抽油机的新平衡理论之一——最大（小）值判别法 ［J］. 石油矿场机械，2003，32（6）.

［51］ 刘长年. ASC 液压抽油机的新平衡理论之二——完全平衡函数法 ［J］. 石油矿场机械，2004，33（1）.

[52] 刘长年.液压抽油机的效率测试方法 [J].石油矿场机械,2004,33(2).

[53] 刘长年.抽油机井况仿真的研究 [J].液压与气动,2004,143(3).

[54] 刘长年.全状态调控式液压抽油机:中国,ZL99213885.X,1999.6.21.

[55] 刘长年.游梁式液压抽油机:中国,ZL02244361.4,2002.8.8.

[56] 汪践,秦高建.钻井钢丝绳断裂原因的技术分析 [J].石油矿场机械,2001,29(2):37~39.

[57] 张继震,等.游梁抽油机的用电发电与节电 [J].石油矿场机械,2001,29(4):36~38.

[58] 水利电力部,国家物价局.关于颁发《功率因数调整电费办法》的通知,(83)水电财字第215号.

[59] 机械采油井系统效率测试方法,SY/T 5266—1996,中华人民共和国石油天然气行业标准.

[60] 邬亦炯,等.抽油机 [M].北京:石油工业出版社,1994.

[61] 董世民,等.游梁式抽油机井有效功率计算方法探讨 [J].石油机械,2001,29(7):39~41.

[62] 金伟,等.抽油机平衡测试方法的研究与改进 [J].石油机械,2001,29(11):26~30.

[63] 崔振华,等.有杆抽油系统 [M].北京:石油工业出版社,1994.

[64] 吴伟,等.抽油机电液伺服模拟试验系统设计 [J].石油矿场机械,2000,29(5):23~26.

[65] 陈春安,等.液压抽油机试验方法的研究 [J].石油机械,1989,17(6):10~11.

[66] 龙以宁.关于液压抽油机的讨论 [J].石油矿场机械,1989,18(5):17~22.

[67] 万邦烈.采油机械的设计计算 [M].北京:石油工业出版社,1988.

[68] 张自学,等.国内外新型抽油机 [M].北京:石油工业出版社,1994.

[69] 曹和平,等.液压双驴头游梁式抽油机节能与减振的研究 [J].石油机械,2002,30(增刊):1~3.

[70] 刘健,等.阿基米德螺线双驴头抽油机优化设计 [J].石油矿场机械,2001,30(3):14~17.

[71] 张彦廷,等.液压技术在抽油设备上的应用 [J].石油机械,2000,28(4):49~51.

[72] 何存兴.液压元件 [M].北京:机械工业出版社,1988.

[73] 林建亚,何存兴.液压元件 [M].北京:机械工业出版社,1982.

[74] 陈愈,等.液压阀 [M].北京:中国铁道出版社,1983.

[75] 李慕洁.液压传动与气压传动 [M].北京:机械工业出版社,1980.

[76] 钱汝鼎.工程流体力学 [M].北京:北京航空航天大学出版社,1989.

[77] 马立中.液压技术基础 [M].北京:科学出版社,1981.

[78] 蔡春源,曹金铭.机械零件设计手册(第二版)[M].北京:冶金工业出版社,1990.

[79] 刘长年.液压伺服系统的分析与设计 [M].北京:科学出版社,1985.

[80] 刘长年 . 液压伺服系统优化设计理论 [M]. 北京：冶金工业出版社，1989.

[81] 李洪仁 . 液压控制系统 [M]. 北京：国防工业出版社，1981.

[82] 路甬祥，等 . 电液比例控制 [M]. 北京：机械工业出版社，1988.

[83] 刘长年 . 全状态调控式液压抽油机 [M]. 北京：石油工业出版社，2004.